服装中职教育"十二五"部委级规划教材

国家中等职业教育改革发展示范学校建设项目成果

# 裙装制板·工艺·设计

关 丽 主 编

吴 娟 丁洪英 副主编

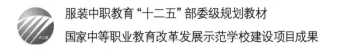中国纺织出版社

## 内容提要

本书为服装专业教学使用教材。它是以"一个完整的工作任务循环"为主线,融工艺、制板、设计于一体的项目教材。

本书是以裙装为项目,分为基础款式和拓展款式两大部分。基础款式中包括直身裙、A字裙、波浪裙三个款式。拓展款式中包括三个典型款式案例。每一个款式都是以工作任务的形式呈现,使制板、工艺、设计形成一个完整的生产链。力求把"项目"做细、做实、做通,将课程的理论科学性和技术实践性进行和谐的统一。

## 图书在版编目(CIP)数据

裙装制板·工艺·设计 / 关丽主编 . 一北京:中国纺织出版社,2016. 1(2016. 8 重印)

服装中职教育"十二五"部委级规划教材 国家中等职业教育改革发展示范学校建设项目成果

ISBN 978-7-5180-0787-5

Ⅰ . ①裙… Ⅱ . ①关… Ⅲ . ①裙子—服装量裁—中等专业学校—教材 ②裙子—生产工艺—中等专业学校—教材 ③裙子—服装设计—中等专业学校—教材 Ⅳ . ① TS941. 717. 8

中国版本图书馆 CIP 数据核字(2014)第 147227 号

責任编辑:华长印 責任校对:楼旭红 責任设计:何 建
責任印制:何 建

中国纺织出版社出版发行
地址:北京市朝阳区百子湾东里A407号楼 邮政编码:100124
销售电话:010 — 67004422 传真:010 — 87155801
http://www.c-textilep.com
E-mail:faxing@c-textilep.com
中国纺织出版社天猫旗舰店
官方微博http://weibo.com/2119887771
北京市密东印刷有限公司印刷 各地新华书店经销
2016年1月第1版 2016年8月第2次印刷
开本:787×1092 1/16 印张:5.5
字数:85千字 定价:38.00元

凡购本书,如有缺页、倒页、脱页,由本社图书营销中心调换

《国家中长期教育改革和发展规划纲要》（简称《纲要》）中提出"要大力发展职业教育"。职业教育要"把提高质量作为重点。以服务为宗旨，以就业为导向，推进教育教学改革。实行工学结合、校企合作、顶岗实习的人才培养模式"。为全面贯彻落实《纲要》，中国纺织服装教育学会协同中国纺织出版社，认真组织制订"十二五"部委级教材规划，组织专家对各院校上报的"十二五"规划教材选题进行认真评选，力求使教材出版与教学改革和课程建设发展相适应，并对项目式教学模式的配套教材进行了探索，充分体现职业技能培养的特点。在教材的编写上重视实践和实训环节内容，使教材内容具有以下三个特点：

（1）围绕一个核心——育人目标。根据教育规律和课程设置特点，从培养学生学习兴趣和提高职业技能入手，教材内容围绕生产实际和教学需要展开，形式上力求突出重点，强调实践。附有课程设置指导，并于章首介绍本章知识点、重点、难点及专业技能，章后附形式多样的思考题等，提高教材的可读性，增加学生学习兴趣和自学能力。

（2）突出一个环节——实践环节。教材出版突出中职教育和应用性学科的特点，注重理论与生产实践的结合，有针对性地设置教材内容，增加实践、实验内容，并通过多媒体等形式，直观反映生产实践的最新成果。

（3）实现一个立体——开发立体化教材体系。充分利用现代教育技术手段，构建数字教育资源平台，部分教材开发了教学课件、音像制品、素材库、试题库等多种立体化的配套教材，以直观的形式和丰富的表达充分展现教学内容。

　　教材出版是教育发展中的重要组成部分，为出版高质量的教材，出版社严格甄选作者，组织专家评审，并对出版全过程进行跟踪，及时了解教材编写进度、编写质量，力求做到作者权威、编辑专业、审读严格、精品出版。我们愿与院校一起，共同探讨、完善教材出版，不断推出精品教材，以适应我国职业教育的发展要求。

中国纺织出版社

教材出版中心

裙装设计与制作是中职服装专业核心项目课程之一。本教材编写思路立足于我国中职服装专业课程改革的核心思想，加大动手能力的培养，凸显技能实训模块教学。知识体系上，从基础项目做起，逐步递进拓展项目，由浅入深，循序渐进。知识盘点上，尽量做到知识的针对性和全面性。

本教材的使用对象为中职服装专业的学生，以一个基本款式为工作任务，从立体造型入手，依次完成制图、制板、工艺制作及拓展设计。根据多年的教学实践经验，我们发现没有制板基础的设计图，其整体设计是不能够实现的。所以，对于刚刚学习服装设计的学生而言，把设计放在了结构的后面去学习，也就是"把感性的想法进行理性的呈现"。

编写教材伊始，我们试着问自己这样几个问题：什么样的教材学生好学？什么样的教材教师好用？什么样的教材适合开展项目教学？很快我们就得到了答案：学生希望它像一本"连环画"，画中有话；教师希望它既像一本"工作手册"，步步有记录，又像一本《词海》，方便学生自主学习。这是我们编写本教材的目标，也是这套教材的最大特色。

本教材由关丽任主编，负责全书的统稿和修改，由吴娟、丁洪英任副主编。具体编写人员分工如下：关丽主要编写结构部分、知识盘点、立体裁剪、部分插图的文字说明；吴娟、丁洪英主要编写工作任务中的工艺部分；姜丽晓负责绘制全书的结构图；关丽负责编写工作任务中的设计部分。在此特别感谢宁波纺织学院优秀毕业生黄如霞、吴嘉一、孙斌炀、刘珍秀、唐奇月、沈君艳、朱良萍、韩佳颖、深莹莹等同学提供了部分高质量的图片。

由于时间紧，书中难免存在不足之处，欢迎同行专家和广大读者批评指正，以便进一步修改完善。

作者

2015.10.1

# 目　录

项目一：

# 裙装制板和工艺

## QUNZHUANG ZHIBAN QHE GONGYI

# 任务一：直身裙

## 过程一：款式分析

（1）着装效果图（图1-1）。

（2）直身裙款式图（图1-2）。

图1-1

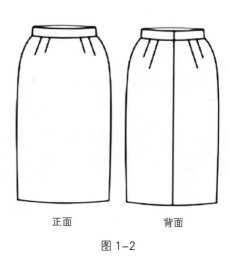

正面　　　　　　背面

图1-2

（3）款式描述。

裙身整体形态：腰部、臀部均为合体型，从臀围至下摆呈直筒型。裙长（*L*）：裙长至膝盖线以下大约5cm处。腰（*W*）：装整条腰头，腰的形态包裹在人体腰部。省的设置：前裙片左右腰省各 2 个，后裙片左右腰省各 2 个。其他设置：开后中缝，后中装拉链，下摆开衩。

## 过程二：测量

### 一、认知量体对象

　　服装结构制图的具体制图规格尺寸来源于量体对象的人体尺寸，量体对象的不同，会得到不同的量体数据。不同的年龄、不同的职业、不同的社会阅历、不同的穿着场合，量体的要求都有所不同。因此，在量体之前，首先要了解一下不同对象对同一款式的服装尺寸的需求是否有所不同，并在量体记录表中详细记录：量体对象的年龄、职业、着衣场合、着衣习惯、着衣个人需求等，对特殊体型的对象，要用文字或者绘图形式记录其体型的特征。

### 二、确定量体部位

　　根据直身裙的款式特点，可以先设定裙子结构制图所必须使用的规格部位。

　　主要有长度（也称"高度"）和宽度（也称"围度"）。长度（高度）方向包括裙长、臀高；宽度（围度）方向包括腰围、臀围。另外，根据款式特点明确一些细节部位，例如：腰宽、摆围、裙后衩长度。

　　由此推出，我们需要在人体上采集直身裙相对应人体部位的尺寸，然后再将人体尺寸转化为直身裙结构制图所需要的尺寸，即：裙长需要人体的腰围高或腰节线到髌骨线的高度；裙子的臀高需要人体腰节线到臀部最丰满处的高度；裙子的腰围需要人体的腰围；裙子的臀围需要人体的臀围。

### 三、量体

　　（1）身高：人体赤足自然站立，用测高仪测量从头顶到地面的垂直距离。

　　（2）腰围高：人体赤足自然站立，用软尺在人体侧面测量，从腰节线到地面的垂直距离。

　　（3）膝长：从腰节线到膝盖线（髌骨线）的垂直距离。

　　（4）臀高：人体赤足自然站立，用软尺在人体侧面丈量，从腰节线到臀部最丰满处的距离。

　　（5）腰围：用软尺在人体腰部最细处（即腰节线处）水平围量一周。

　　（6）臀围：用软尺在臀部最丰满处水平围量一周。

### 四、规格设计

　　通过在人体上测量所得到的数据，我们称之为净体尺寸，简称净寸。结构制图所需的尺寸称为成品尺寸，也称成品规格。成品尺寸是净体尺寸加上一定的放松量所得（表1-1）。人体着装后无论是自然状态还是运动状态都需要一定的放松量。

表1-1　直身裙成品规格设计　　　　　　　　　　单位：cm

| 直身裙成品规格设计 | |
| --- | --- |
| 部位名称（代号） | 净体尺寸 + 放松量 = 成品规格 |
| 裙长（$L$） | 52（KL）+5=57cm |
| 臀高（HL） | 20-2=18 |
| 腰围（$W$） | 68+（0~2）=70 |
| 臀围（$H$） | 88+（4~6）=94 |

**备注说明**

① 膝长的代号是KL。

② 裙长中"-5"表示以腰节线到膝盖的长度为裙长的参考值。裙子的长度在膝盖上方5cm处，则-5。例如，裙长在膝盖的下方5cm，用膝长 +5cm

③ 直身裙底边围度和臀围等大，在行走的过程中会造成行走不变，应考虑在下摆处设计开衩或者折裥以增加摆围的量便于活动

★ **知识盘点**

**1. 人体测量的要求**

（1）测量工具。

① 测量前，要求被测量者穿着质地软而薄的贴身内衣，在腰节线处系上腰节带，赤足站立，两脚跟并拢，姿态自然，目视前方，双臂自然下垂，呼吸均匀，以免影响测量的准确性。

② 为了表示对被测量者的尊重，测量者应站立于被测量者的斜侧面，最好不要直接与被测量者脸对脸。

③ 测量长度或高度时，软尺要保持垂直，除了背长、后中长等部位采用的是后中心的长度外，一般均采用人体侧边的尺寸，如裤长、裙长、臀高等。

④ 测量围度时，软尺要保持水平，要保证在围量时可以使软尺自由转动为准，切不可压迫人体。

⑤ 测量时要注意先上后下，先纵向后横向，先前面后背面的顺序。

⑥ 及时填写量体数据，若是特殊体型，则应做好记录，制图时做相应调整。

（2）测量的基准点、线（图1-3）。

① 腰侧点：位于人体侧腰部位正中央处，是前腰与后腰的分界点，也是测量裤长和裙长的起点。

② 前腰中点：位于人体前腰部正中央处，是前左腰和前右腰的分界点。

③ 后腰中点：位于人体后腰部正中央处，是后左腰和后右腰的分界点。

④ 臀侧点：位于人体侧臀正中央处，是前臀与后臀的分界点。

⑤ 前臀中点：位于人体前臀正中央处，是前左臀和前右臀的分界点。

⑥ 后臀中点：位于人体后臀正中央处，是后左臀和后右臀的分界点。

⑦ 会阴点：位于人体两腿的交界处，是测量人体下肢及腿长的起点。

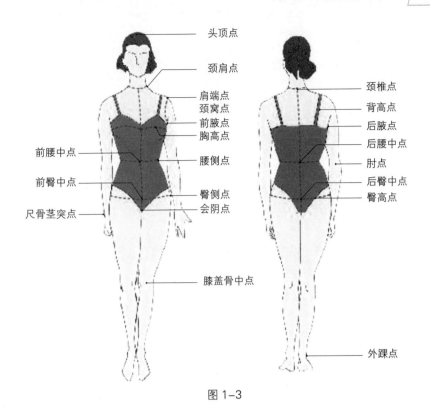

图 1-3

⑧膝盖骨中点：位于膝盖骨之中心即髌骨处，大腿部与小腿部的分界部位。是确定衣长、裙长的参考点。

⑨外踝点：踝关节向外突出的点，是测量裤长的基准点。

（3）测量的基准线（图1-4）。

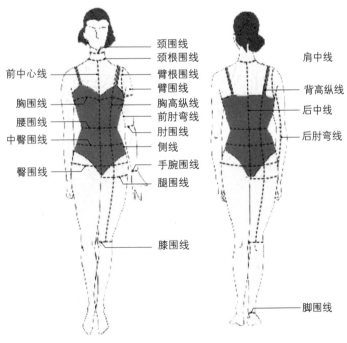

图 1-4

①腰围线：是指在腰围最细处测量一周的水平线。

②中臀围线：位于腰围线和臀围线中部，是裙长的最短处。

③臀围线：位于腰围线以下 18 ~ 19cm 处，是人体臀围最丰满处。

④膝围线：位于人体膝关节处，是确定短裤和裙长的标准。

### 2. 放松量设计

服装穿着后的合体效果如何，活动是否舒适，外形效果是否得到充分体现，在一定程度上往往是取决于服装成品规格设计的正确与否。而服装规格尺寸设计的成败与获得精确的人体数据固然重要，关键还在于如何准确的设计服装放松量。

裙装需要加入放松量的部位主要有腰围、臀围和摆围。一般测量所得的腰围、臀围尺寸均为人体直立、自然呼吸状态下的净体尺寸。随着进餐、不同运动状态下的腰围和臀围也会随之增大。所以通过不同状态下增加的最大值设定了腰围和臀围的放松量。

裙子的摆围与裙长、步幅（人体行走时一步的幅度大小）两个因素有关（表1-2）。

表 1-2　裙装放松量设计　　　　　　　　　　　　单位：cm

| 裙装放松量设计 | | | | |
|---|---|---|---|---|
| 部位名称 | 放松量 | 不同状态下的增量情况 | | |
| 腰围（$W$） | 0 ~ 2cm | 进餐后，增加1.5cm | 坐在椅子上增加1.5cm | 蹲、前屈90°时，增加1.5 ~ 3cm |
| 臀围（$H$） | 最少放松量4cm | | 坐在椅子上增加2.6cm | 蹲、盘腿增加4cm |
| 摆围 | 94cm | 短裙：裙长在40cm左右 | | |
| | 100cm | 中裙：裙长在54cm左右 | | |
| | 130cm | 中长裙：裙长在74cm左右 | | |
| | 146cm | 长裙：裙长在92cm左右 | | |

服装规格放松量与人体活动、款式造型特点、所选面辅材料的性能、工艺生产方式、穿着者的年龄、性别、胖瘦、喜好以及流行特征等诸多因素息息相关。因此，具有良好的理论基础、正确的思维方式还不够，更为重要的是在实际生产制作时要能够熟练的操作运用起来。

# 过程三：制图

## 一、裙片的形成

裙装原型是最基本、最原始的裙装款式。在原型的框架上可以派生出千变万化的款式。

原型款式描述：腰线位置为人体自然腰节位置（腰间最细处）。裙长从腰线量至膝盖处，约为52cm。裙原型的腰、臀部贴合人体，臀围线以下呈直筒状。根据臀腰的差量设置4个省道（前片2个，后片2个）。

## 1. 人台准备（图1-5）

用标示线在人台上标识好前中线、后中线、侧缝线、腰围线、臀围线。腰围线在后中位置下落1cm。侧缝线在半臀围和半腰围的二等分处向后偏移1cm的位置。使前后腰围、臀围差量为2cm。即：前腰围 − 后腰围 =2cm，前臀围 − 后腰围 =2cm。

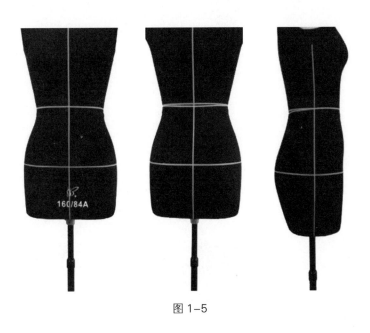

图 1-5

## 2. 坯布准备（图1-6）

裙片的长度是以从腰围到膝围的垂直距离（约52cm），加上腰部缝份（2cm）以及底边的折边宽度（3cm），再加入一些余量，共计70cm。宽度是以人台半身臀围尺寸为基础（160/84人台臀围约为90），加上臀围放松量（1～1.5cm），加上侧缝缝份（2cm），加上前中心侧的余量（5cm），共计70cm。零部件：裙腰的长度是以半身腰围为基础，加上腰围松量以及中心侧的余量。宽度为2倍腰宽加上缝份。

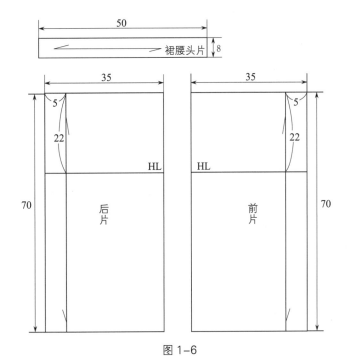

图 1-6

## 3. 裙装三维成型过程——别样

裙装原型的立体构成步骤：用标记带在人台上贴出腰围线、臀围线和侧缝线的标志线。腰围线应在后中下落1cm；侧缝线的位置从侧缝观察达到平衡，通常设定在半臀围尺寸和半腰围尺寸的二等分向后偏移1cm的位置，使前、后腰臀围存在一定差量（前后差2cm）。

裙装原型的立体构成步骤如下：

❶ 将前裙片中心线、臀围线分别与人台前中心线、臀围线对合一致，臀围线呈水平，使前裙片中心线垂直于地面，用大头针固定（图1-7）。

❷ 将臀围线以上的侧缝丝缕放正与腰部贴合。把腰部余量三等分，在侧缝处撇掉一份余量，对侧缝上段出现的松量做缝缩处理（图1-8）。

❸ 把剩余两份余量做成两个省道。考虑人体的体型特征，确定省道的位置、方向和长度，在腰部缝份上打剪口，用抓合针法固定省道，沿省道方向别大头针（图1-9）。

图1-7

图1-8

图1-9

❹ 在腰部加入0.5cm松量，臀围加入1cm松量，用大头针固定，并整理裙身呈柱状（图1-10）。

❺ 后裙片的操作与前裙片一样，放正臀围线以上的侧缝丝缕，将腰部余量三等分，一份余量在侧缝处撇掉（图1-11）。

❻ 做两个省道，根据体型特征确定省道的位置、方向和长度（图1-12）。

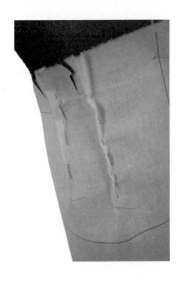

图1-10

图1-11

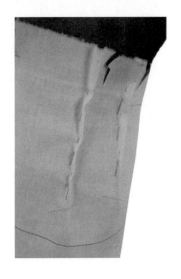

图1-12

❼ 在腰部和臀围分别加入松量，并整理裙身呈圆柱状（图1-13）。

❽ 用抓合针法固定前后片侧缝，臀围线以上是曲线对合，臀围线以下布料丝缕线垂直与地面。确认前后片臀围的松量、省位的平衡（图1-14）。

❾ 修剪侧缝缝份，确认整体造型，用点影线标记省道、腰围线和侧缝线，并标上必要的对位记号（图1-15）。

图1-13

图1-14

图1-15

❿ 确定裙长，在底边线上用大头针作出标记，后片长度以前片臀围线到底边的尺寸为准（图1-16）。

⓫ 从人台上取下裙片，以点影记号为准用铅笔画顺省道、腰围线、侧缝线和下摆线，整理布样。用大头针别样，前后片省道均倒向中心侧，前侧缝缝份折倒，在完成线上用大头针斜向别上，下摆处用大头针纵向别住折边。折叠裙腰，用大头针水平地别上裙腰片（图1-17）。

图 1-16

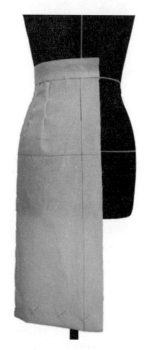

图 1-17

## 二、裙原型的绘制

### 1. 裙原型框架绘制（图1-18）

（1）绘制裙框架：绘制一个长方形 $ABCD$，长方形的宽度为臀围 /2=92/2=46cm，长度为裙长 − 腰宽 =60-3=57cm。$AB$ 为上平线也称腰口基线，$CD$ 为下平线，也称裙长线。$AC$ 为后中线，$BD$ 为前中线。$AC$、$BD$ 平行面料的布边，表示长度；$AB$、$CD$ 边垂直于面料的布边，表示围度。

（2）臀围线：作 $AB$ 的平行线 $EF$，平行线间的距离为 18.5cm，相交于 $AC$ 于 $E$，$BD$ 于 $F$。线段 $EF$ 为臀围线。

（3）侧缝线：作 $BD$ 的平行线 $GH$，平行线间的距离为 H/4+1=92÷4+1=24cm，即：线段 $AC$ 与线段 $GH$ 之间的平行距离为 22cm，计算公式为 H/4-1=92÷4-1=22cm。在这里裙子的前片比后片臀围大 2cm，目的是使侧缝线位置向后偏移。

此长方形表示裙子穿着时裙片的长度和裙子一半的围度效果，通常以右侧边的前后作为绘图的标准，左侧边对称复制就行，构成完整的裙片围度。

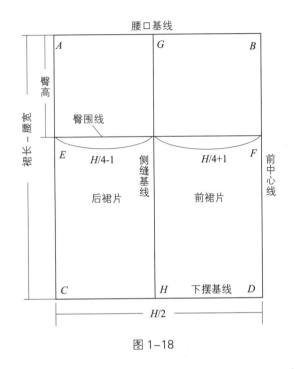

图 1-18

## 2. 裙原型绘制

（1）绘制基础线（图 1-19）：作水平腰围基础线，根据臀长、上裆长、中裆、裤长分别作臀围线、横裆线、中裆线和脚口线等水平基础线；取 $H/2+$ 上裆宽 $+10cm$（前后裤片之间的空隙量），作纵向侧缝基础线，取前臀围取 $H/4-1cm$，后臀围 $H/4+1cm$，前裆宽 $0.04H$，后裆宽 $0.11H$，在前、后横裆中点位置作前、后挺缝线。

（2）前上裆部位：取前腰围 $W/4+0.5cm$，前中心处向内撇进 $1cm$，前腰中心下落 $1cm$，前侧缝向内撇进 $2cm$，其余臀腰差量作为省量，画顺腰围线、前上裆弧线和上裆部位的侧缝线，省道的位置约在前腰围中点偏向侧缝处。

（3）后上裆部位：取后上裆倾斜角 $12°$，在腰围基础线上取后上裆斜线与侧缝的中点并向后上裆斜线作垂线，确定后后上裆起翘量；取后腰围 $W/4-0.5cm$，其余臀腰差量作为省量，画顺腰围线、后上裆弧线和上裆部位的侧缝线，省道的位置约在后腰围中点处。

（4）下裆部位：以前后挺缝线为中心，分别在脚口线上取前脚口 $SB-2cm$，后脚口 $SB+2cm$，前后中裆分别与脚口大小相同，连结中裆和脚口；用内凹形的曲线画顺中裆线以上的侧缝线和内裆缝，注意线条要流程圆顺。

（5）后裆宽点下落调整：测量前后裤片内裆缝的长度并将后裆宽点作下落调整，使前后内裆缝长度相等。一般后裆下落量为 $0 \sim 1cm$。

（6）绘制裤腰：取腰宽 $3cm$，腰长为 $W+$ 里襟宽，裤腰为连裁直线型结构。

（7）加粗外轮廓线：加粗各样片外轮廓线。并标注布纹线、样片名称、主要部位尺寸、对位记号等样片标注内容。

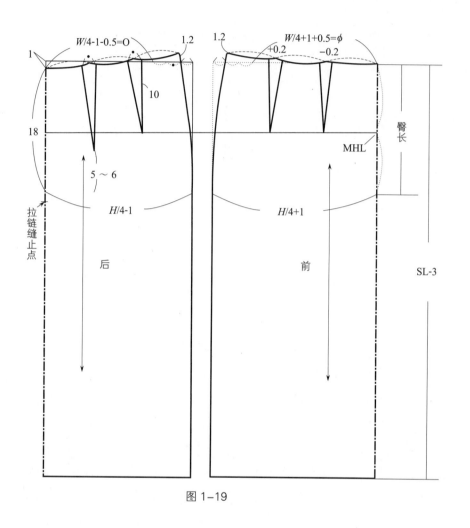

图 1–19

## 三、直身裙制图

在原型裙基础上绘制直身裙（图 1–20），增加以下内容即可：

（1）开衩：后中心线处确定并绘制后开衩。衩长 20cm，衩宽 4cm，注意分左右片。

（2）底摆起翘：将裙子的下摆侧缝处进行起翘处理，以保证裙子穿着时裙摆呈水平状态，裙子下摆侧缝处的起翘量＝腰口处侧缝的起翘量＝0.7cm，然后画顺使下摆呈圆顺的弧线。

（3）拉链：后中心处标出拉链定位，从腰口线向下 19cm 处，确定拉链缝止口。

（4）腰头：裙腰的状态为整条腰，无断腰。腰宽 3cm，腰头长＝腰围＋叠门量＝$W$+3=66+3=69cm，并在腰头上确定腰头与侧缝、前中心的对位标记，以便工艺缝制为确认根据。

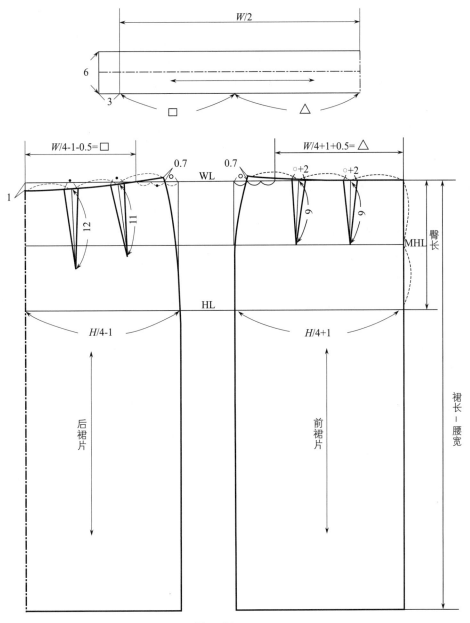

图 1–20

★ 知识盘点

## 1. 裙装制图术语及符号

（1）裙装制图术语：

① 轮廓线：表示服装裁片的主要部件与零部件外部轮廓的制图线条。

② 结构线：服装纸样中，表示服装部件裁剪、缝纫结构变化的线条。

如：省位、裥位、分割线、袋位等结构形式的线条。

③ 基础线：结构设计时首先画出的水平方向和竖直方向的直线。

④ 净样：服装实际尺寸，不包括缝份、贴边等。

⑤ 毛样：服装裁片的尺寸已包括缝份、贴边等。

⑥ 画顺：制图时的直线与弧线、弧线与弧线之间连接时，线条圆顺流畅没有棱角。

⑦ 劈势：直线的偏进，如裙装侧缝上端的偏进量。

⑧ 翘势：轮廓线与水平线之间的抬高（上翘）的量。

⑨ 省：也称省缝，为了使服装适合人体体型曲线，在衣片上缝去的部分。

⑩ 裥：也称褶裥，为了使服装适合人体体型曲线，在衣片上折叠的部分。有单向褶裥与双向褶裥、明裥、暗裥等多种形式。

⑪ 纱向：纺织原料的经向和纬向，有横、直、斜之分，未注明一般表示经向。

⑫ 贴袋：直接在服装表面加上袋片缝制而成的口袋。

⑬ 插袋：利用衣服上现有的分割线缝制的口袋。

⑭ 门襟：衣（裙、裤）片开口处的锁眼边，或叠在上面的一边，一般情况下传统是男左女右。男士门襟左边在上，女士门襟右面在上，具体根据款式而定。

⑮ 里襟：衣（裙、裤）片开口处的钉扣边，或被叠在下面的一边。

⑯ 腰头：与裤、裙身缝合的带状部件，可将裤、裙固定在腰部。

绘制服装结构制图时，若使用文字说明则缺乏规范化和准确性，也不符合简化和快速理解的要求，甚至会造成错误，这就需要用一种能代替文字的简明符号——制图符号。制图符号是在进行服装绘图时，为使服装纸样统一、规范、标准，便于识别及防止差错而制定的标记。

（2）制图符号（表1-3、表1-4）

绘制服装结构制图时，若使用文字说明则缺乏规范化和准确性，也不符合简化和快速理解的要求，甚至会造成错误，这就需要用一种能代替文字的简明符号——制图符号。制图符号是在进行服装绘图时，为使服装纸样统一、规范、标准，便于识别及防止差错而制定的标记。

表1-3　制图线条　　　　　　　　　　　　单位：cm

| 序号 | 图线名称 | 图线形式 | 图线宽度 | 图线用途 |
|---|---|---|---|---|
| 1 | 粗实线 | ——————— | 0.9 | ① 服装和零部件轮廓线；<br>② 部位轮廓线 |
| 2 | 细实线 | ——————— | 0.3 | ① 图样结构的基本线；<br>② 尺寸线和尺寸界线；<br>③ 引入线 |
| 3 | 虚线 | - - - - - - - - - | 0.6 | ① 裁片重叠时轮廓的影示线；<br>② 缝纫明线 |
| 4 | 点划线 | ▄ ▬ ▄ ▬ ▄ ▬ ▄ | 0.6 | 对称部位对折线 |
| 5 | 双点划线 | ▄ ▬ ▬ ▄ ▬ ▬ ▄ | 0.3 | 不对称部位折转线 |

表 1-4　制图符号

| 序号 | 符号 | 名称 | 用途 |
|---|---|---|---|
| 1 | ———③——— | 顺序号 | 制图的先后顺序 |
| 2 | ⌒⌒⌒⌒ | 等分号 | 某一线段平均等分 |
| 3 | ▨　◤ | 裥位 | 衣片中需折叠的部位 |
| 4 | ◁　◇ | 省缝 | 衣片中需缝去的部位 |
| 5 | ⊢　⊣ | 间距线 | 某部位两点间的距离 |
| 6 | 〰 | 连接号 | 裁片中两个部位应连在一起 |
| 7 | ⌐¬ | 直角号 | 两条线相互垂直 |
| 8 | ○ ◎ ● △ ▲ | 等量号 | 两个部位的尺寸相同 |
| 9 | ⊢—⊣ | 眼位 | 扣眼的位置 |
| 10 | ⊕ | 扣位 | 纽扣的位置 |
| 11 | ◀——▶ | 经向号 | 表示原料的纵向（经向） |
| 12 | ——▶ | 顺向号 | 表示毛绒的顺向 |
| 13 | 〰〰 | 螺纹号 | 衣服下摆、袖口等处装螺纹边（松紧带） |
| 14 | ════ | 明线号 | 缉明线的标记 |
| 15 | 〰〰〰 | 褶裥号 | 裁片中直接收成褶裥的部位 |
| 16 | ⌒⌒⌒ | 归缩号 | 裁片该部位经熨烫后归缩 |
| 17 | ∧∧∧ | 拔伸号 | 裁片该部位经熨烫后拔开、伸长 |
| 18 | ⊓⊔⊓⊔ | 拉链 | 表示该部位装拉链 |
| 19 | ⌒⌒⌒⌒ | 花边 | 表示该部位装花边 |

## 2．服装号型

《服装号型国家标准》是由国家技术监督局颁布的强制性国家标准，它是设计批量成衣的规格和依据。

（1）号型定义

① 号：指人体的身高，以厘米（cm）为单位表示，是设计和选购服装长短的依据。

② 型：指人体的净胸围与净腰围，以厘米（cm）为单位表示，是设计和选购服装围度的依据。

③ 体型是依据人，根据人体胸围和腰围的差量把人体体型分为：Y\A\B\C 四种体型。范围如表 1-5 所示：

表 1-5　人体体型分类

单位：cm

| 体型分类代号 | Y（健美） | A（标准） | B（稍胖） | C（肥胖） |
|---|---|---|---|---|
| 男体胸腰围之差值 | 22 ~ 17 | 16 ~ 12 | 11 ~ 7 | 6 ~ 2 |
| 女体胸腰围之差值 | 24 ~ 19 | 18 ~ 14 | 13 ~ 9 | 8 ~ 4 |

（2）号型标志

服装上必须标明号型。套装中的上、下装分别表明号型。

号型表示方法：号与型之间用斜线分开，斜线前为号，斜线后为型，后接体型分类代号。如 170/92B。

（3）号型应用

① 号：服装上标明的号的数值，表示该服装适用于身高与此号相同及相近的人。如 175 号适用于身高 175±2cm 即 173 ~ 177cm 的人，以此类推。

② 型：服装上标明的型的数值及体型分类代号，表示该服装适用的净胸围（上装）或净腰围（下装）尺寸，以及胸围与腰围之差数在此范围内的人。例如：男上装 96B 型，适用于净胸围 96±2cm 即 94 ~ 98cm，胸围与腰围的差数在 11 ~ 7cm 男性体型；下装 86B 型，适用于腰围 86±1cm 即 85 ~ 87cm，同时胸围与腰围的差数在 11 ~ 7cm 男性体型。以此类推。

（4）号型系列

① 号型系列：把人体的号和型进行有规则的分档排列，即为号型系列。号型系列以各中间体为中心，向两边依次递增或递减组成。身高以 5cm 分档组成系列，胸围以 4cm 分档组成系列，腰围以 4cm、2cm 分档组成系列。身高与胸围搭配组成 5·4 号型系列。身高与腰围搭配组成 5·4 系列，5·2 系列。

② 中间体：根据大量实测的人体数据，通过计算，求出均值，即为中间体。它反映了我国男女成人各类体型的身高、胸围、腰围等部位的平均水平，具有一定的代表性。男体中间体设置为：170/88Y、170/88A、170/92B、170/96C，女子中间体设置为：160/84Y、160/84A、160/88B、160/88C。

（5）号型系列设计的意义

国家新的服装号型的颁布，给服装规格设计提供了可靠的依据。服装号型提供的均是人体尺寸并不是现成的服装成品尺寸，成衣规格就是以服装号型为依据，根据服装款式、体型等因素，加放不同的放松量。

在进行成衣规格设计时必须依据具体产品的款式和风格等特点要求进行相应的规格设计。个别或部分人的体型和规格要求，都不能作为成衣规格设计的依据，而只能作为一种信息和参考。对于服装企业来说，必须根据选定的号型系列编出主品的规格系列表，这是对正规化生产的一种基本要求。

### 3. 直身裙制图原理

（1）西服裙的面料选择：传统意义上是与女西服配套穿着的，目前穿着搭配方式也很多样，多用于正式场合穿着。面料颜色具有优雅、庄重、干练的特点，面料具有较好的悬垂性且挺括性等优点，因此，面料应选择中薄型精纺毛织物，如华达呢、哔叽、凡立丁、派力司、女式呢、花呢等。

（2）腰、臀围计算分配法：腰、臀围分配方法采用1/4腰围、臀围的分配方式。即把腰围、臀围分成四等分。制图的时候只要画出1/4前裙片和1/4后裙片即可。

为保证裙装前片立体感造型，可将侧缝往后片移动，使前片略增大，后片略缩小。因此前片的臀围分配是1/4臀围 +1（0.5）cm，后片 1/4臀围 −1（0.5）cm。由于人体的前腰围大于后腰围，当前后臀围四等分分配时，前后腰围应为1/4腰围 ±1（前加后减）。

（3）西服裙中省的结构原理：

① 西服裙中省个数（省量）的设定：西服裙中臀腰差达到26cm以上的可以收8个省，以四片裙为例，每片各收两个省；臀腰差14 ~ 25cm的一共收4个省，每片各收一个省，或每片收1个省，后片收2个省；臀腰差13cm一下的不必收省，可以全部利用侧缝劈势处理，因此侧缝收几个省可由人体的臀腰差来决定。

② 西服裙中省长的确定：人体前侧最突出处在中臀围线（约位于腰围线与臀围线居中）处，因此前腰省长度一般不超过中臀围线；人体后侧最突出处在臀围线处，因此后腰省长度可接近至臀围线。

③ 省位在腰线的处理：收省后腰口呈折线，需要进行圆顺处理，否则将会影响裙子腰部造型。

④ 西服裙裥量的设定：裥的大小根据款式而设定，裥的缝止点也应充分考虑人体下肢的活动因素，最少应保证正常的步幅。

⑤ 西服裙侧缝起翘、后腰低落的原因：由于人体臀腰差的差量使侧缝线与腰口线之间形成钝角，裙片拼接时出现凹角，为了让使侧缝与腰口线保持垂直，因此侧缝要起翘一定的量，这个量一般在0.7~1cm，也就是说侧缝线越斜，起翘量就越大。后腰低落是因为人体腹部略凸，而后中腰部向里凹进的体型特征，因此后腰要低落一个数值，一般在1cm左右。

### 4. 裥褶的种类

褶也叫作裥，常用于女装，裥的种类有很多，一般可分为两种：

（1）按形成裥的线条类型分（图1-21）：

①直线裥：裥的两端折叠的量相同，外观上是一条直线。常用于衣身和裙装中。

②曲线裥：同一裥两端中间折裥量不断变化，在外观上形成一条条连续的曲线，这种裥合体性好，常用于裙片的设计满足人体腰部和臀部之间变化的曲线。

③斜线裥：是指两端折叠量不同，但其变化均匀，外观形成一条条互不平行的直线，常用于裙片的设计。

（2）按形成裥的形式分：裥的形式有碎裥、活裥、顺风裥、塔克、暗裥、对裥、百褶裥、风琴裥、死裥等。

①碎裥：是形状不规则的一种裥，制作时只需要用线将面料抽拢成细密的裥，多用于裙装的剪接部位。

②活裥：亦称折裥，是根据体型需要作出折叠的部分，不必缝合，有代替省的作用。如男西裤中前片的折裥和上装中有省道的部位。

③顺风裥：是指多个裥向一个方向折倒，多用于裙子的制作。

④塔克：是上装中的一种装饰缝，可以使面料产生肌理变化，有立体感。

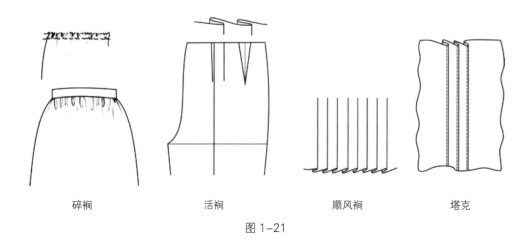

| 碎裥 | 活裥 | 顺风裥 | 塔克 |

图1-21

## 过程四：制板

### 一、裁剪样板

按照直身裙制图绘制出来的裙片和腰头，将其款式的外轮廓线进行复制，复制出来的样板都是净样板，如果按照这个净样板进行裁剪缝制裙子，尺寸通常会变短、变小，最后是无法达到成品规格。为了能够将裙子缝制成形，并且成品能够达到成品规格要求，必须在净样板的基础上加放一定的缝量，也称"缝头"、"缝份"。这种带有缝量的净样板，我们称为"裁剪样板"，俗称"毛样板"。

从净样板变成裁剪样板，必须要考虑缝头、折边、放头、里外容、缩率、散出等相关因素。

缝头的量一般掌控在：直线1cm，曲线0.8cm；

折边的量一般掌控在 3~5cm（折边处有缉线的应视缉线宽度和折边数而定）；

里外容的量一般掌控在：里 0.8cm，外 1.2cm；

放头的量一般控制在 1~1.5cm；

缩率包括自然缩率、水缩率、热缩率和缝缩率（图 1-22）。

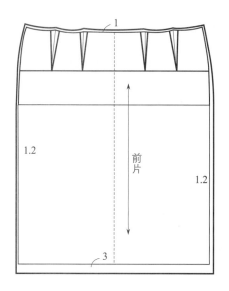
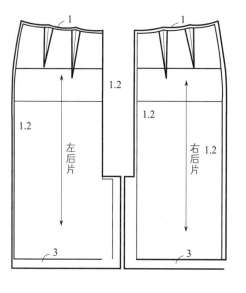

图 1-22

## 二、黏衬样板

直身裙的黏衬样板主要有三个部位：腰头、绱拉链部位、开衩部位。如图 1-23 所示中灰色阴影部位既是黏衬样板的位置及造型。

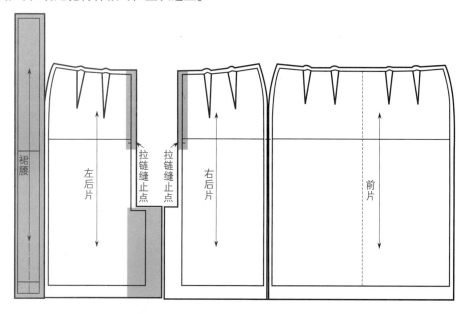

图 1-23

**放缝设计**

一般在服装制图时，若用于生产或制作，还需要在净纸样的基础上加放一定的缝份。

服装制板中，放缝份量的多少与准确度要求、部位特性、工艺要求相关。

以西服套装为例，把放缝量的大小分别进行介绍：

（1）放缝量为 0.5 ~ 0.7cm，这个缝份量很小，主要对精确度要求很高的部位，如西服前片门襟止口、领子拼脚等部位进行放缝。

（2）放缝量为 0.8cm，这个缝份量也较小，主要采用这个缝份的部位有西服前后领口、下领脚线、前后肩缝、前后袖窿、袖山等弧度较大的部位。

（3）放缝量为 1cm，这个缝份量为正常缝份量，主要采用这个缝份的部位有西服腋下缝、侧缝、袖子胖肚缝、袖子瘦肚缝、西裤腰口、下裆缝等部位。

（4）放缝量为 1.2cm，这个缝份比正常缝份稍大，主要用于需要压装饰线的缝份，如时装的覆势、后中缝等部位。

（5）放缝量为 1.5 ~ 1.8cm，这个缝份较大，主要采用的部位有西服后中缝等，主要考虑增大缝量，保证在缝制过程中不走形。

（6）放缝量上下不一致，如西裤的后中，腰口处放缝份一般为 3.5cm，而至后龙门处则为 1cm，主要考虑成衣的塑形稳定性。

（7）下装裙、裤省位放缝份，初学者应将制图净省位折进放缝份，并将剪去余量展开放缝，才能获得较准缝份量。

（8）衣服后衩侧衩、裙子开衩的缝份量一般为 3.5 ~ 4cm，有夹里的衩比无夹里的多 0.8cm 左右的缝份量。

（9）上装和下装的贴边量一般设计为 3 ~ 4.5cm 较为合理。

# 过程五：裁剪

## 一、算料、配料、排料

（1）算料：在臀围小于所选面料幅宽的情况下，一个裙子长度即是裙子的用料。例如：选用幅宽 150cm 的面料，臀围为 94cm，则臀围小于面料幅宽，裙长是 60cm，那么幅宽是 150cm，长度是 60cm 的面料，即使所选面料的长度。

当臀围大于所选面料幅宽的时候，那么要两个裙子的长度，即 2×60cm=120cm 的长度为面料用料。例如：波浪裙的臀围由于加入了摆量，臀围比较大，需要两个个裙长的长度为面料用料。

面料的幅宽就是面料的宽度。从布的一边量到另一边就是幅宽，也是面料的纬宽，就像地球的纬度一样。布料在生产和运输的时候是成匹的。布料的幅宽一般为 150cm，但

140cm、120cm 都有，甚至还有更窄的到 50cm，这个幅宽取决于织布的机器以及工艺。所以每种特定的布料都有不一样的幅宽，有些面料幅宽与它的使用功能有关，有些面料幅宽与它的制作工艺及成本有关。

（2）配料：主要是指在工艺制作过程中所需要的材料，它包括面料配料和辅料配料。配料形式通常以表格形式出现在工艺单中，条理清楚，以便工艺配料员操作准确（表1-6）。

表1-6　辅料数量及相关说明　　　　　　　　　　　　　　单位：cm

| 配料名称 | 辅料数量及相关说明 |
|---|---|
| 面料 | 裙子面料，幅宽150cm的面料60cm |
| 里料 | 如遇作夹里的裙子，一般情况下，里料样板比面料样板四周少1cm。由于工艺要求不同，也存在里料和面料大小相符 |
| 衬料 | 根据不同部位的不同造型需求进行配料。腰头衬料和腰头尺寸大小一致，拉链处衬料长为拉链的长度、宽为2cm |
| 拉链 | 密闭拉链一根（与面料颜色同色或近似） |
| 纽扣 | 数量：一粒，纽扣直径为腰头宽度 -0.5cm=3cm-0.5cm=2.5cm，纽扣颜色根据面料颜色挑选，同色系为好，款式特殊要求的，按照款式要求挑选 |
| 缝纫线 | 数量：一团，线的颜色与面料颜色同色或近似 |
| 拷边线 | 数量：三团，与面料颜色同色或近似 |

（3）排料：在排料前，先将面料预缩（将面料浸入水中24小时自然晾干），检查面料有无瑕疵，如有要避开。如裁片左右片对称，可将面料按照经向方向一折二，反面朝上，进行排料。排料时应注意以下几点：先排大部件，再排小部件；先排面料，后排辅料；紧密套排，缺口合并（图1-24）。

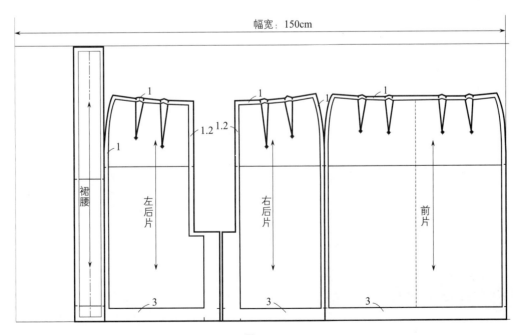

图 1-24

## 二、面料裁剪

❶ 划样：面料正面相对对折放置铺平，样板的经向要与面料的经向一致，在铺平的面料上放置毛样板，使面料的经纱平行于样板的经向（图1-25）。（注意：经纱平行于布边，纬纱垂直于布边）

❷ 拓样：拓出省道位置、裁剪：将划粉用刀削薄以便视觉清晰。将省道位置拓至裁片上。方法：把样板上省道的三个对位点用划粉连接。再将面料反反相对，在省道位置用力拍，使划粉脱印在另一片上（图1-26）。

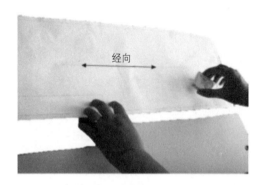

图1-25

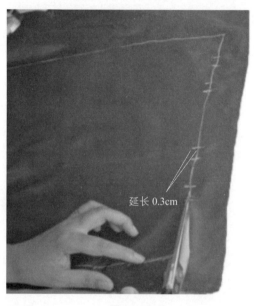

图1-26

沿着样板边缘进行划样，画好之后，用剪刀沿着面料上画好的轮廓线进行剪裁（图1-27）。（注意：裁剪到转折处的时候，不要多剪，以储备面料用于零部件的裁剪）

❸ 打刀眼（图1-28）：面料裁剪好之后，分别在省道、下摆处打上缝制标记，即刀眼。长度约0.3cm，不宜过长，否则易抽丝，给制作带来不便。

图1-27

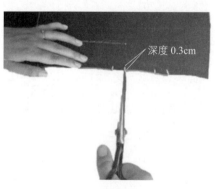

图1-28

❹ 验片（图1-29）：裁剪好样片之后，按照排料示意图检查裁片的数量。要求检验样片是否齐全，避免漏裁、多裁的情况。制作前可以在反面做好标记，以免在制作时正反面拼接错误。

图1-29

## 三、辅料裁剪

简做西服裙因为不用托夹里，故辅料的裁剪只有衬料的裁剪（图1-30）。

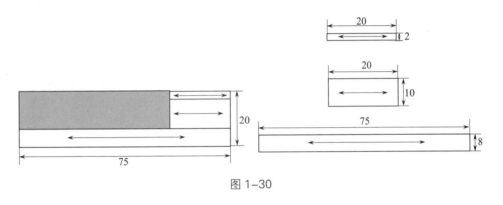

图1-30

---

…… ★ **知识盘点** ………………………………………………………

### 1. 如何算料

（1）经验性判定：主要用于个体经营业户，根据经验给出服装单件的大体需用量。

（2）公式计算：服装单件加工，用长度公式加上一个调节量获得，例如：90cm门幅的面料，裙子的单耗量为：裙长 + 调节系数。衬衣的单耗量为：身长 + 袖长 + 调节系数。

（3）根据成衣尺寸计算：又称"面积计算法"，在外贸服装加工企业或公司，客户提供成品样衣给生产商，让您计算出服装的面料单耗量，我们可以估算出中间规格服装毛片的面积，把每片相加后得出一件服装总的平方厘米数，除以面料门幅宽度，得出服装的单耗量，注意追加一定数量的额外损耗。

（4）规格计算法：顾名思义，根据成品规格表中的中间号或大小号均码的规格尺寸，加上成品需用缝份量，计算出单件服装的面积，再除以门幅得出单耗量，同样追加一定数量的额外损耗。服装单耗的规格计算法可以归总出一个常用公式：（上衣的身＋缝份或握边）乘以（胸围＋缝份）＋（袖长＋缝份或袖口握边）乘以袖肥乘以4＋服装部件面积。

（5）样板计算法：选出中间号样板或大小号样板各一套，在案板上划定面料幅宽，把毛份样板按照排板的规则合理套排，最终，把尾端取齐，测量出板长两端标线总的长度间距，除以参与排板服装的件数得出服装的单耗量，注意追加一定数量的额外损耗。

（6）计算机排料获得：可以按生产需要，把裁剪计划中所有样板让计算机进行自动排料，在工作窗口的右下角显示服装的面料利用率、板皮总长、单耗量，注意追加一定数量的额外损耗。

服装用料补充说明：计算有阴阳格子的面料单耗时，服装单耗量需在原计算获得数据的基础上额外增加一倍半的格长量；有倒顺格子的面料需增加二倍半格长的需用量。

### 2．如何排料

排料分类，依照排板的方向性，有下列四种排料方法：单向排料、双向排料、分向排料、任向排料。

（1）单向排料（图1-31）：指将所有样板朝同一方向排列。这种方法的优点是没有布纹方向所引起的色差、外观差异等顾虑，品质较佳；缺点是用布量较多，据统计布料使用率约为77%～79%。所以此种方法只在布纹方向明显及外观花格限制条件下使用。

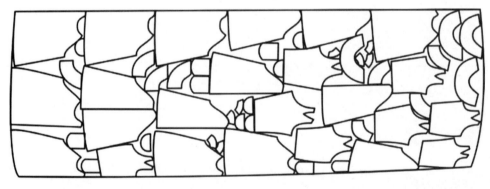

图1-31

（2）双向排料（图1-32）：指样板在排列时，可以任意朝向一方或相对的一方。这种排料方法通常用在对称性的布料上，不必考虑布纹的方向及反方向的感光色差情形，用布量较省，布料使用率为81%～83%。

（3）分向排料（图1-33）：指排料时将某些尺码的全部样板朝向一方，而另一些尺码的全部样板朝向另一方。这种方法排料比较方便，但成品品质不一，布料的使用率介于单向排料和双向排料之间，为80%～83%。

（4）任向排料：指排料时不考虑任何方向性，任意排板。这种方法大都应用在没有布纹方向的非织造布上。其布料使用率为87%～100%。

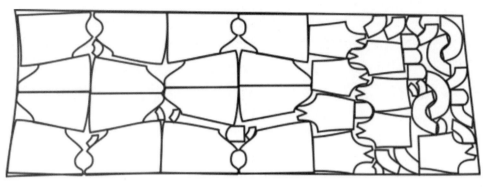

图 1-32

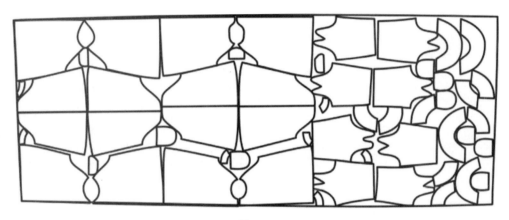

图 1-33

### 3. 排料目的

排料的重要目的之一，是节约面料，减低成本。服装企业根据多年的经验，总结出"先大后小，紧密套排，缺口合并，规格搭配"的排列技巧。

（1）先大后小（图1-34）：排料时，先排大片定局，再用小片补空隙，大小合理搭配，节省面料。先大后小，大小搭配的排料。

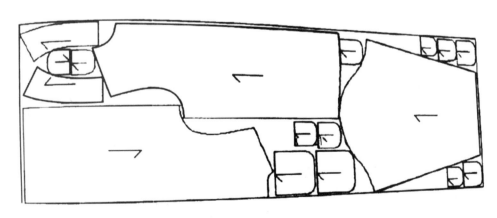

图 1-34

（2）紧密套排（图1-35）：根据样板的不同形状，应在排料时采取直对直、斜对斜、凸对凹、弯与弯相顺，紧密套排。例如：大衣片中既有领口、袖窿等凹陷的地方，也有袖山等凸起的地方，可利用这样的特点凸凹合并，减少空隙；衣片的肩线、侧缝处常有一定的斜度，可把具有相似斜度的两衣片结合排料，使斜度拟合，减少空隙。

（3）缺口合并（图1-36）：在一片样板的缺口不足以插入其他部件时，可把两片样板的缺口拼在一起，加大空隙。

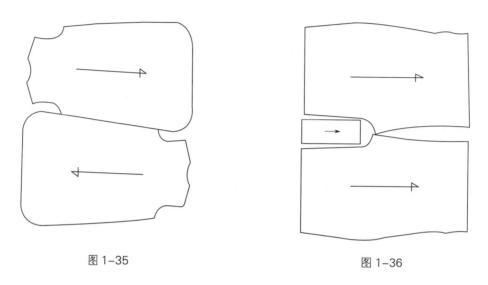

图1-35                    图1-36

（4）规格搭配（图1-37）：在同时排放几个规格的样板时，可将它们相互搭配，取长补短，节约用料。

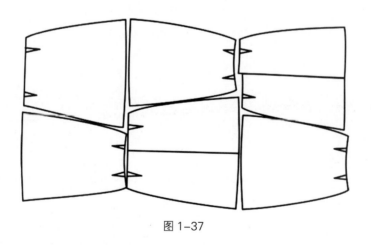

图1-37

（5）合理拼接：服装一些零部件的次要部位，在技术标准内允许适当拼接，以提高布料的利用率。但为了减少缝纫麻烦，在用料量相同的情况下尽可能减少拼接，同时还应注意拼接范围和程度、拼接质量和拼接标记。拼接虽然可节省用料（如挂面的拼接），但应以不影响衣服的外形美观为原则。

### 4. 如何铺料

裁剪不是一项独立的工作，在裁剪之前要进行诸如铺料、画样等准备工作。铺料是按照所规定的铺料层数及长度，将服装材料按铺料要求，铺放在裁床上，以便画样及开裁。对伸缩性大的材料，铺料后还需要放置数小时，使之回缩后再裁减。

铺料有其本身的工艺技术要求：

（1）布边对齐。铺料时要求每层料布边要对齐，不能有参差不齐现象，否则易造成短边部位裁片尺码规格变异，造成次片。布边里口处一般要求较严格，要求上下整齐，差异不得超过 2mm，因为里口部位将作为将来排料基准边。另一边保证自然平整即可。

（2）张力均匀，并且尽量小。要想铺料平整，必要时得施加一定的张力，该力必须均匀且尽量小，以防止内应力回缩不匀而起皱。

（3）方向一致，符合要求。许多材料有明显正反面或具有特殊的方向性，铺料时为保证效果一致，材料应保持同一方向。

（4）对正图案。对于有条、格、花、图案的材料，为保证或突出设计效果，在排板方案设计时，要求在铺料过程中按照设计要求对正图案。

### 5. 裁剪要求

裁剪是缝制的基础，裁剪时应保证精度，对批量加工的服装往往需要根据服装的规格尺寸和数量分床裁剪，按照样板方向部位合理排料，裁剪时各层衣片间的误差应符合规定。

裁剪应正确掌握以下要求：

（1）掌握正确的开裁顺序。即无横断后直断、先外口后里口，先零小料后整大料，逐段开刀，逐段取料。

（2）掌握拐角的处理方法。凡衣片拐角处，应以角的两边不同进刀开裁，而不可以连续拐角裁，以保证精确裁剪。

（3）左手压扶材料，用力均匀柔和，不可倾斜，右手推刀轻松自如，快慢有序。

（4）裁剪时要保持裁刀垂直，以免各层衣片产生误差。保证裁刀始终锋利，更不能有刃缺口，以保证裁片边缘光洁顺直。

（5）打刀口时定位要准，剪口不得超过 3mm 且清晰持久。

# 过程六：缝制

## 一、编写工艺单

直身裙生产工艺单（表1-7）。

表1-7 直身裙生产工艺单

| 名称：直身裙 | | | 下单工厂：ZJ·FASHION | 完成日期：2014年12月2日 | | |

**款号：WQ-08009**

**款式图：**

**规格表（单位：cm）**

| 尺码部位 | S | M | L | XL |
| --- | --- | --- | --- | --- |
| 裙长 | 55 | 60 | 65 | 70 |
| 腰围 | 68 | 70 | 72 | 74 |
| 臀围 | 92 | 96 | 100 | 104 |
| 臀长 | 17.5 | 18 | 18.5 | 19 |
| 腰宽 | 3 | 3 | 3 | 3 |

**面料小样：**

**辅料小样：**

**面辅料配备**

| 名称 | 门幅（规格）| 单位用量 | 名称 | 货号 | 门幅（规格）| 单位用量 |
| --- | --- | --- | --- | --- | --- | --- |
| 面料 | 150cm | 200cm | 尺码标 | 配色 | | 1 |
| 里布 | 100cm | 50cm | 明线 | 配色 | | |
| 黏衬 | | | 暗线 | | | |
| 袋布 | | | 吊牌 | | | 1 |
| 纽扣 | 1.5cm | 1颗 | 洗水唛 | | | |
| 拉链 | 20cm | 1根 | 胶袋 | | | 1 |
| 气眼 | | | 商标 | | | |
| 绳 | | | 折标 | | | |

明线针距：15针/3cm    暗线针距：针12/3cm

**黏衬部位：**
1. 腰头
2. 后叉
3. 后中装拉链处

**裁剪要求：**
1. 裁片注意色差、色条、破损
2. 纱向顺直，不容许有偏差
3. 裁片准确，二层相符
4. 刀口整齐，刀深0.5cm

**成衣处理要求：** 普洗

**工艺缝制要求：**
1. 针距：平车针距为15针/3cm。
2. 线迹：底面线均匀，不浮线，不跳针等。
3. 合缝要求不拉斜，不扭曲，弧度圆顺，绢线1cm，宽窄针等。
4. 裙身缝合处装织带，织带宽0.5cm，要求宽窄一致，装得平服。
5. 商标为折标夹于后腰中，距商标左端1cm处夹钉尺码标。
6. 洗水唛夹钉于左侧内缝距下摆底边10cm处。
7. 吊牌穿挂在尺码标上。
8. 整烫：各部位烫平整服帖，烫后无污渍、油迹、水迹、不起极光和亮点。

| 制单：丁洪英 | 审核：丁洪英 | 日期：2007年12月20日 |

## 二、烫衬

❶ 剪一块与腰头尺寸一致的纸衬，面料与衬料反反相对，用熨斗粘牢（图1-38）。（注：熨斗的温度不宜过高，熨斗宜压烫，不宜来回移动熨烫，防止衬料粘连。）

❷ 开衩门襟烫衬，衬料尺寸大小与开衩尺寸一致。装拉链部位衬料宽为2cm、长度与拉链长短一致（图1-39）。

图1-38

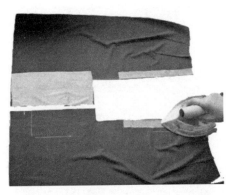

图1-39

## 三、拷边

除腰线一侧外，侧缝边、下摆均拷边。使用三线拷边机，拷边线的颜色应与面料颜色一致（图1-40）。（注：这里为了让学生看得清楚，采用白色拷边线。）

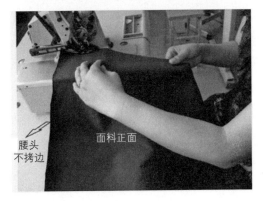

图1-40

## 四、缉省、烫省

缉省时，省两边的刀眼对准，沿划线缉缝，省尖处留出2～3cm的缝线剪掉，不打来回针。防止省尖处不平服。一般情况下向两边倒烫，省尖处一定要烫平服，无褶皱（图1-41）。

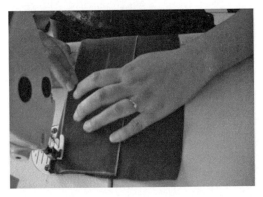

图1-41

## 五、（特色工艺缝制）：裙后开衩制作

里襟开衩向反面折转1cm，在正面缉0.8cm明线，明迹线上下宽窄一致（图1-42）。

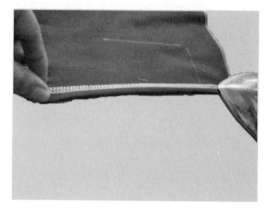

图1-42

❷ 开衩部位打刀眼，因为这里是直角，如不打刀眼，翻转后正面会出现不平服现象，打刀眼时，要剪至缉线还剩0.1cm处（图1-44）。

图1-44

## 七、合侧缝线

正面相对，吃势均匀，缝份1cm。然后采用分烫缝的方法熨烫。在臀部位置要用拱台熨烫（图1-46）。

## 六、缝合后中心线

❶ 拉链开口位置比拉链止点少2～3cm，这里用直尺测量，用画粉做好标记。拉链开口以下的长度采用平缝，拉链止点处打来回针，开衩门襟在上，里襟在下，缉至里襟处即可（图1-43）。

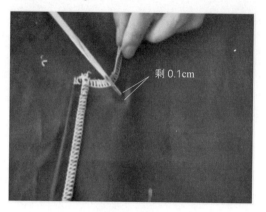

剩0.1cm

图1-43

❸ 后中烫分开缝，拉链开口也要按照缝头大小分开熨烫，为制作拉链做准备，熨烫时，在面料反面进行操作，注意掌握熨斗的温度（图1-45）。

图1-45

## 八、下摆缝制

❶ 烫下摆时，根据下摆宽度进行向反面折转烫平，注意宽窄一致（图1-47）。

❷ 用手针在反面进行三角针的缝制。线迹均匀、美观（图1-48）。

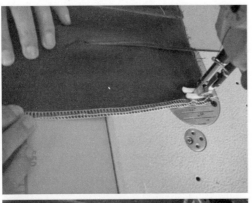

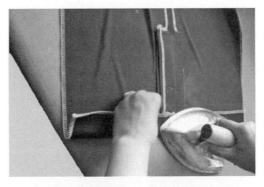

图 1-47

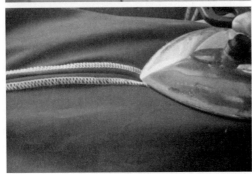

图 1-46

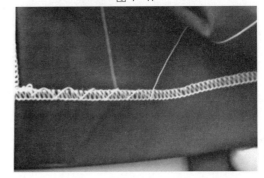

图 1-48

## 九、局部手工

❶ 锁扣眼：画纽扣位置（图 1-49）。

图 1-49

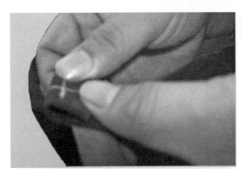

❷ 剪纽位（图 1-50）。

纽扣大小等于纽扣直径＋扣子厚度，纽扣大
小对折，用剪刀尖打剪口。

图 1-50

❸ 钉纽扣（图 1-51）。

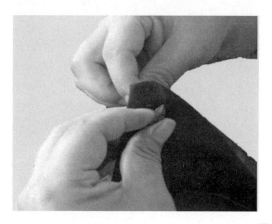

图 1-51

## 十、装密闭拉链

装拉链时运用单边压脚，分为左边压脚和右边压脚，此处使用右边压脚，首先将拉链用熨斗将牙齿烫平，这样使机针能靠近拉链折痕处，效果最好，先做左边，拉链与后片后中位置正正相对，拉链头在下端，开始缉缝（图 1-52）。

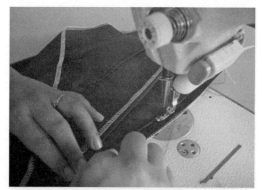

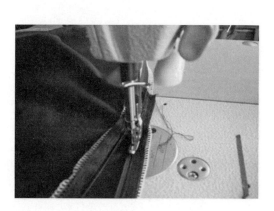

图 1-52

## 十一、绱腰头

（1）如图 1-53a 所示是指将腰面对折烫，如图 1-53b 所示是将腰面宽度 3cm 烫好。如图 1-53c 所示是指腰里包住腰面熨烫，要求腰里大于腰面 0.1 ~ 0.2cm。

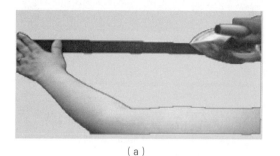

（a）

图 1-53

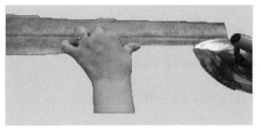

（b）

（c）

图 1-53

（2）在熨烫的折痕处缉线，保证腰头宽窄一致（图 1-54）。

（3）正正相对，平缝 1cm（图 1-55）。

图 1-54

（4）此处作延边缝，不可缉住腰头。要求腰头无链形（图 1-56）。

图 1-55

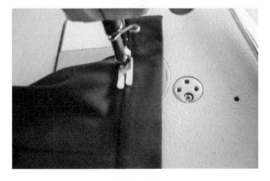

图 1-56

★ 知识盘点

### 1. 工艺单写作

工艺单是控制、指导生产的依据。具体内容如下：

（1）成品规格：单位一般要使用厘米（cm），若出口到西欧的服装有时用英寸，但旁边必须注明厘米（cm）。

（2）缝纫工艺细则：一般按部位来写，语言要简洁、清楚。例如：男衬衫：a做领：……b前片：……c商标：……d后片：……e袖叉：……f装袖：……g装克夫：……h下摆：……

（3）示意图：因为有时无法用文字来表示，就要用示意图来表示。共两种：a.尺寸（规格）示意图：如领子；b.测量示意图尽量用直线。

（4）工艺流程：即流水线安排。排好工艺流程对产品质量有显著影响，必须科学、合理，根据款式既符合工艺要求，又有利于生产，一般用方框图。

（5）锁钉要求：包括锁钉流程、锁眼只数、部位及要求，钉扣粒数，部位及要求。套结只数及部位等。

（6）整烫包装要求：A.面、辅料耗用；B.十分之一缩图；C.是样板×××，工艺×××，复核×××。

### 2. 平缝机、拷边机的实用基础

（1）操作规程：打好梭心线；穿好面线、放好底线，打开电源开关，用脚将压脚靠起，将布料放在压脚下，用单脚踩踏板（建议用右脚操作）同时将双手放在面料上辅助送布牙使面料匀速向前车缝。

（2）操作注意事项：

① 面线、底线的穿法要正确。

② 面线、底线的松紧要恰当。

③ 电源打开后必须等2～3秒电机运转稳定后方可踩脚踏板。

④ 在车缝的过程中不可将面料向前或后拉扯。

⑤ 任何情况下不可将手放在车针的下面。

"拷边"又叫"锁边"，服装行业术语，英文为"overlocking"。在生产服装过程中，由于涤纶等所用的材料本身的硬度比较高，剪开来的衣料边缝处的丝线会散开来，在边缝处用专用的拷边机拷上一圈边免得布料里的丝线散开来。这样也起到美观的作用。绝大多数拷边机都是三针五线机和三针六线包缝机。后者因为可以改变针和线的数量，有时也被称为"万能缝纫机"。

### 3. 基本缝型介绍

（1）平缝：

① 平缝工艺及要求：平缝也称合缝，是指两层面料正面相叠，在反面沿所留缝份进行缝合的一种缝型，平缝时将两片面料正面相对，上下对齐，它的缝份（缝头/止口）一般为0.8~1cm，开始和结束时打倒针回针，以防线头脱散（暴口），并注意上下层布片的齐整，缝制完毕，将缝份倒向以便的称倒缝；缝份分开烫平的称分开缝。平缝要求线迹顺直，

缝份宽窄一致，布料平整（图1-57）。

② 平缝的应用：平缝是机缝中最基本的，使用最广泛的一种缝型。它主要用来缝合上衣的肩缝、摆缝、侧缝、袖子的内外缝以及下装的下裆等多种部位。因此这种缝型只具备最基本的实用性，很普通，要想利用缝型来使服装具有其他不一样的效果就要采用其他的缝型，而不能用平缝。

③ 平缝的延伸：成衣侧缝平缝后抽线，相成一种新的款式和造型同理可以抽肩/胸线等。还有一种就是通过平缝线迹达到装饰性的作用。例如：军装的一些袖袖（图1-58）：

（2）分缉缝：

① 分缉缝的工艺及要求：分缉缝是在分缝的基础上在正面两边各压一道明线的缝（图1-59）。

② 分缉缝的应用：分缉缝一般用于衣片拼接部位的装饰和加固，缝份视款式而定。主要还是用在比较硬挺的面料上，加上具有装饰效果的缝纫线，表达出不一样的感觉。例如：牛仔裤的分割线，侧缝或夹克的一些装饰分割线，这样既装饰了服装使之更加平挺，又使缝份更加牢固，但是一般比较薄的面料或不需要分割线那样装饰效果的就不采用这种缝型。

③ 分缉缝延伸设计：牛仔裤分割线可以安排不同的颜色来体现造型；通过缝距的宽窄来体现不同的感觉（男装线迹宽则比较大气刚劲；女装线迹窄则比较秀气端庄；造成男女装的设计感觉就不相同）。

（3）坐缉缝：

① 坐缉缝的工艺及要求：坐缉缝是坐倒缝的基础上形成的，也是在正面再压一道明线，缝制时下层衣片的缝位可放出0.4~0.6cm以减少拼接厚度（图1-60）。

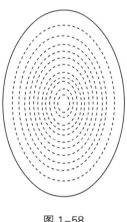

图1-57

图1-58

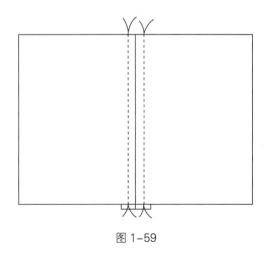

图1-59

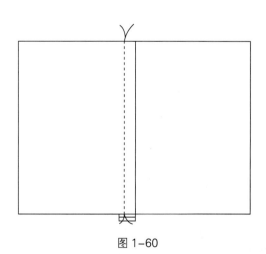

图1-60

② 坐缉缝的应用：坐缉缝的作用也是加固和装饰，跟分缉缝的作用有许多的相同之处，但是它的缝份是倒向一边，使缝线一边比另一边更厚实些，这样就要视具体款式设计来看将之运用到何处。

（4）搭缝：

① 搭缝的工艺及要求：搭缝是指将下层布料正面与上层布料的反面相搭后再居中缝缉一道线的一种缝型（图1-61）。

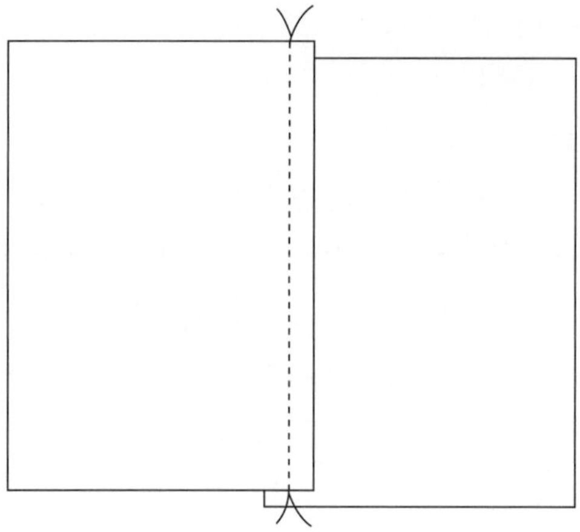

② 搭缝的应用：搭缝主要用于里料的拼接或一些布料的接缝，由于装饰性和牢固性都不比其他种类强，主要用于一些外观的贴片装饰用。

③ 搭缝的延伸设计：用于各种拼贴，可以任意变换图形（可以是星星、月亮、花卉、动物等）。

图 1-61

（5）卷边缝：

① 卷边缝的工艺及要求：卷边缝是一种将面料边缘做再次翻折卷，先后缉缝的缝型。分内外卷边。此外，卷边还有卷宽边与卷窄边之分。车卷边缝将面料边缘向反面扣折0.5cm，然后再卷折1cm，沿第一条折边的边缘车缝0.1cm的明线。缉缝时，左手放在前面，中指与无名指放在卷边上，把卷边按住，食指帮助将卷边内的翻折边往里翻转，理顺；右手放在后，捏住需折转的底边；拇指在上，其余四指也可捏住底边的折转处，起卷边的作用。要求折边平整，控制一致，缉线顺直，缝口处不扭曲（图1-62）。

② 卷边缝的应用：卷边缝主要用于缉上衣底边、袖口、裤脚边、裙子底摆。有些服装门禁也是用卷边缝折进去而没有贴门禁的。不具体到服装哪个部位上，可以说是只有一层布料而使之没有毛边的一种缝型，那么在一层布料的时候加上考虑款式就可以运用此缝型。

③ 卷边缝的延伸设计：不同宽窄反映不同的风格，里面可以缀松紧，或其他类型，使得此线迹更加有立体感而达到一定的定型效果。

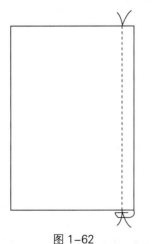

图 1-62

（6）漏落缝：

① 漏落缝的工艺及要求：先将上层面料的正面与下层面料的正面相叠，做平缝，将上层面料翻转向下，另一面内折，止口超出上层0.2cm，再沿上层面料缝处缉一道线，它是一种将明线缉在分缝中或暗藏在缉缝旁的一种缝型（图1-63）。

② 漏落缝的应用：漏落缝多用于裙/裤/腰头等处的缝制，它恰恰又是要起到隐藏缝线的作用。像是做腰头几乎都是用这种

缝型，因为如果用其他缝型就增加了缝迹，破坏了整体美感，因此最好还是用漏落缝使缝迹不明显。但是有些款式就不一定要隐藏缝迹，如果设计专门需要用不同的缝线缝出明显的缝迹，那么就可不用到漏落缝，它其实也是一种比较专用的缝型，实用性不广泛，所以在绱腰头处才是它的专场。

③ 漏落缝的延伸设计：漏落缝可以通过包缝的宽窄调整，给人不同的视觉感受。

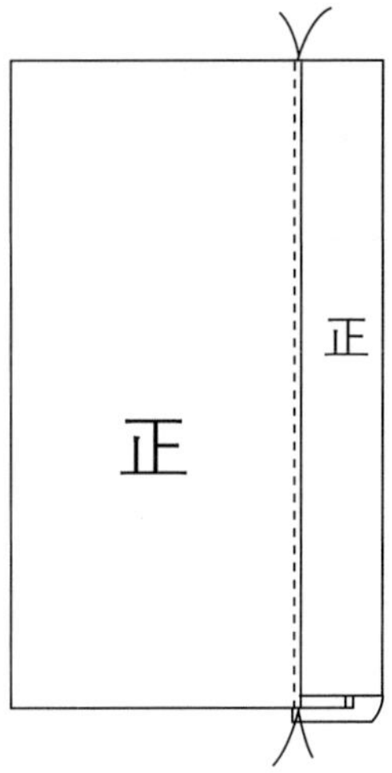

图 1-63

### 4. 熨烫基础

俗话说："三分裁，七分做；三分做，七分烫"。可见，熨烫在服装工艺中的重要性。

服装是穿在人体上的，为使服装在着装后能保持平整、挺括，恰当地表现人体曲线，完整地体现造型要求，一方面可通过结构设计进行收省、分割。另一方面可通过熨烫定型进行工艺处理。经过熨烫定型处理后，裤片就可以符合人体下肢形状，臀部突出，烫迹线顺直，穿着美观、舒适。

熨烫定型的基本条件由以下 5 个方面构成：

（1）适宜的温度：不同的织物在不同的温度作用下，纤维分子产生运动，织物变得柔软，这时如果及时地按设计的要求进行热处理使其变形，织物很容易变成新的形态并通过冷却固定下来。

（2）适当的湿度：一定的湿度能使织物纤维润湿、膨胀伸展。当水分子进入纤维内部而改变纤维分子间的结合状态时，织物的可塑性能增加，这时加上适宜的湿度，织物就会更容易变型。

（3）一定的压力：纺织面、辅料都有比较明显的屈服应力点，这种应力点根据材料的质地、厚薄及后整理等因素不同而不一样，熨烫时当外界压力超过应力点的反弹力时，就能使织物变化定型。

（4）合理的时间：现代纺织面料变化快，品种繁多，面料性能千差万别，其导热性能更是各不相同。即使是同一种织物，其上、下两层的受热也会产生一定的时间差，加上织物在熨烫时的湿度，所以必须将织物附加的水分完全烫干才能保证较好的定型效果（学生在湿度、原位时间的处理方面、最容易产生偏差），因而合理的原位熨烫时间是保证熨烫定型的一个关键。

（5）合适的冷却方法：熨烫是手段，定型是目的，而定型是在熨烫加热过程后通过合适的冷却方法得以实现的。熨烫后的冷却方式一般分为：自然冷却、抽湿冷却和冷压冷却，采用哪种冷却方法一方面要根据服装面、辅料的性能确定，另一方面也要根据设备条件。目前一般采用的冷却方法是前两者。

## 5. 裙装工艺评分标准（表1-8）

表1-8　裙子工艺评分标准

| 项目 | 序号 | 质量标准要求 | 轻缺陷扣分 | 扣分 | 重缺陷 | 扣分 | 严重缺陷扣完 | 总扣分 |
|---|---|---|---|---|---|---|---|---|
| 规格 15分 | 1 | 裙长±0～1（3分） | 超偏差50%以内 | -1 | 超50～100% | -2 | 超100%以上 | |
| | 2 | 腰围（上口比规格略大）±0～1（3分） | 超偏差50%以内 | -1 | 超50～100% | -2 | 超100%以上 | |
| | 3 | 臀围±2（3分） | 超偏差50%以内 | -1 | 超50～100% | -2 | 超100%以上 | |
| | 4 | 腰宽（3分） | 超偏差50%以内 | -1 | 超50～100% | -2 | 超100%以上 | |
| | 5 | 摆围（3分） | 超偏差50%以内 | -1 | 超50～100% | -2 | 超100%以上 | |
| 外观质量 15分 | 6 | 外表整洁（2分） | 1处不整洁 | -0.5 | 2处不整洁 | -1 | 3处不整洁 | |
| | 7 | 各部位缝迹顺直（3分） | 误差0.1 | -1 | 误差0.2 | -2 | 误差＞0.3 | |
| | 8 | 熨烫平整，烫迹线正确对称（2分） | 轻皱 | -0.5 | 重皱 | -1 | 严重起皱 | |
| | 9 | 缝制无线头，无污渍，无极光，无烫黄（3分） | 1～2处 | -1 | 2～3处 | -2 | 3～4处 | |
| | 10 | 各条缝份光滑平整，无相制温造（3分） | 轻不平服，弯 | -1 | 轻不平服，皱 | -2 | 严重吊，弯 | |
| | 11 | 黏衬部位光滑平服，不起泡，不脱胶（3分） | 轻起泡 | -1 | 中脱胶 | -2 | 重脱胶 | |
| 操作工艺 65分 腰头 20分 | 12 腰头 | ①腰头面丝缕绕正确（2分）<br>②腰头甲丝缕绕正确（2分）<br>③腰头宽窄一致（3分）<br>④腰头松紧一致（3分）<br>⑤腰头高低一致（3分）<br>⑥腰头缝线线顺直（3分）<br>⑦腰头平整，无线头，不起皱起连，平服（4分） | ①轻歪斜<br>②轻歪斜<br>③误差0.3～05<br>④轻连形<br>⑤误差0～0.1<br>⑥轻不顺直方正，轻<br>⑦稍差 | ①-0.5<br>②-0.5<br>③-1<br>④-1<br>⑤-1<br>⑥-1<br>⑦-1 | ①中歪斜<br>②中歪斜<br>③误差0.5～0.8<br>④中连形<br>⑤误差0.1～0.2<br>⑥重不顺直方正，重<br>⑦差 | ①-1<br>②-1<br>③-2<br>④-2<br>⑤-2<br>⑥-2<br>⑦-2 | ①重歪斜<br>②重歪斜<br>③误差＞0.8<br>④重连形<br>⑤误差＞0.2<br>⑥严重不顺直方正，弯曲，⑦严重变形 | |

续表

| 项目 | 序号 | 质量标准要求 | 轻缺陷扣分 | 扣分 | 重缺陷 | 扣分 | 严重缺陷扣完 | 总扣分 |
|---|---|---|---|---|---|---|---|---|
| 操作工艺 65分 | 13 拉链 12分 | ①拉链止口平服不反吐（3分）②装拉链松紧一致，长短一致（3分）③缉线顺直，宽窄一致（3分）④拉链顺直平服，无起吊，封口牢固，宽度准确（3分） | ①轻度弯斜或弯曲，轻度不平服 ②轻度不平服 ③误差0.1～0.2 ④顺直平服和封口稍差，宽度误差0～0.5 | ①-1 ②-1 ③-1 ④-1 | ①中度弯斜或弯曲，中度不平服 ②中度不平服 ③误差0.2～0.3 ④顺直平服和封口误差0.5～1 | ①-2 ②-2 ③-2 ④-2 | ①严重弯斜或弯曲，严重不平服，止口反吐 ②严重不平服 ③误差>0.3 ④严重变形，宽度误差>1 | |
| | 14 缝制 12分 | ①侧缝及前后中缝缉线顺直、宽窄一致，缉线无双轨（4分）②前后中缝，两侧缝松紧一致，无皱缩，无浮线（4分）③缝份宽窄一致，熨烫平服，美观整齐（4分） | ①误差0.1～0.2 ②线迹轻度不平服或不均匀，误差0.1～0.2 ③缝份宽窄小于1.2大于1 | ①-1 ②-1 ③-1 | ①误差0.2～0.3 ②线迹中度不平服或不均匀，误差0.2～0.3 ③缝份宽窄小于1 | ①-2 ②-2 ③-2 | ①误差>0.3 ②线迹严重不平服或不均匀，误差>0.3 ③缝份宽窄大于1.5 | |
| | 15 开衩 16分 | ①开衩口平服，封口牢固（8分）②位置准确（4分）③无毛漏，缉线顺直（4分） | ①不平服 ②不顺直 ③线迹歪斜，开衩有毛出 | ①-1 ②-1 ③-1 | ①不平服，不牢固 ②不顺直，位置不准 ③开衩宽度不准确，线迹歪斜，开衩毛出 | ①-2 ②-2 ③-2 | ①长短不一致 ②开衩漏封口 ③左右衩位置错误 | |
| | 16 5分 | 裙摆底边平服，缉线宽窄一致，无涟形，平整美观（5分） | 底摆缉线轻度弯曲 | -2 | 底摆缉线轻度弯曲，有涟形 | -3 | 底摆缉线严重弯曲，有涟形 | |
| 安全操作 5分 | 17 | 人身安全，设备安全（5分） | | | | | 发生安全事故损坏设备 | |
| 操作时间 | | 操作时间180分钟。提前完成不加分。超时30分钟以内扣10分；超时60分钟以内扣20分；超时90分钟以内扣30分；超时120分钟以内扣40分；超时120分钟以上停止操作。 | | | | | | |

# 任务二：A字裙

## 过程一：款式分析

（1）着装效果图（图2-1）。

（2）A字裙着装款式图（图2-2）。

图2-1

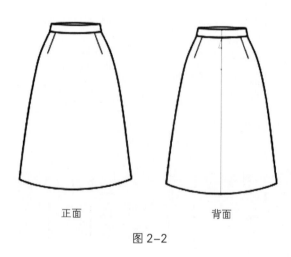

正面　　　　　　　背面

图2-2

（3）款式描述：

裙身整体形态：臀围松量稍大于直身裙子，群摆稍微变宽的群型裙摆展开如"A"字形。

裙长（L）：裙长至膝盖线以下大约5cm处。腰（W）：装整条腰，腰的形态包裹在人体腰部。

省的设置：前裙片左右腰省各1个，后裙片左右腰省各1个。其他设置：开后中缝，后中装拉链。

## 过程二：规格设计

A字裙成品规格设计（表2-1）。

表2-1　A字裙成品规格设计

| A字裙成品规格设计 | |
|---|---|
| 部位名称（代号） | 净体尺寸 + 放松量 = 成品规格 |
| 裙长（$L$） | 52（KL）+5=57 |
| 臀高（HL） | 20−2=18 |
| 腰围（$W$） | 68+（0~2）=70 |
| 臀围（$H$） | 88+（6~12）=94（见备注） |

**备注说明**

① A字裙是在原型裙的基础上绘制的，框架尺寸和原型裙基本相同，不同之处已标出；

② 本书采用了合并一个省量，在下摆处加放一定的量的方法达到A字裙的效果。不涉及臀围的尺寸。如果要规定臀围的尺寸，则可以把加量平均分配在每个省道展开量中

## 过程三：制图

A字裙的制图是在裙原型的基础上进行变化而得出，故先画好一个裙原型基本构图。

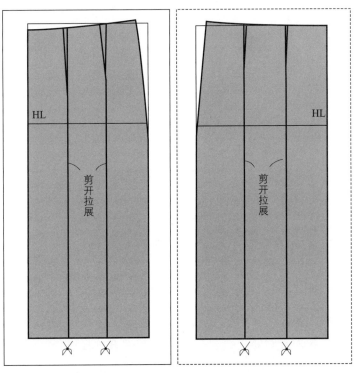

图2-3

从省尖点垂直向下作辅助线至下摆，沿辅助线剪开，闭合其中一个腰省，在下摆处加入展开量，达到A形裙臀围H的规格设计，合并剩余省道量，根据款式图确定前、后腰省位置。根据裙长画顺下摆线，加粗裙片外轮廓线（图2-3、图2-4）。

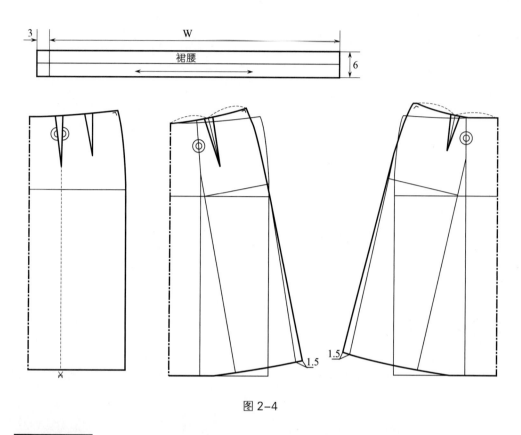

图 2-4

★ 知识盘点

A字裙制图原理

（1）裙摆在侧缝处放出的量取决于裙子的长度和人体体型，放出的量越大起翘就越高，始终保持侧缝线与底边线互相垂直（图2-5）。

（2）腰围处收省量的大小及侧缝的劈势由臀腰差而定，若腰围规格较大，可适当增加臀围放松量；反之，腰围规格较小，可适当减小臀围的放松量。总之，保持裙子造型美观即可。

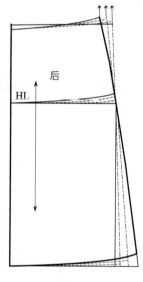

图 2-5

## 过程四：制板

### 一、裁剪样板

A字裙的裁剪样板即毛样板，缝份的量一般掌控在：直线1cm，曲线0.8cm；折边的量一般掌控在3~5cm（折边处有缉线的应视缉线宽度和折边数而定）；A 字裙的裁剪样板共有三块：前裙片、后裙片、腰头样板（图 2-6）。

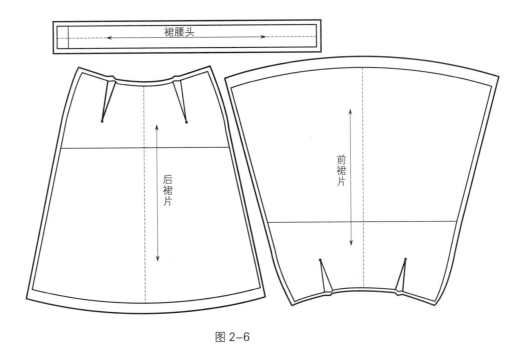

图 2-6

## 二、黏衬样板

A 字裙的黏衬样板主要有腰头衬料样板、侧缝处拉链黏衬样板，具体黏衬位置及大小，如图 2-7 所示。

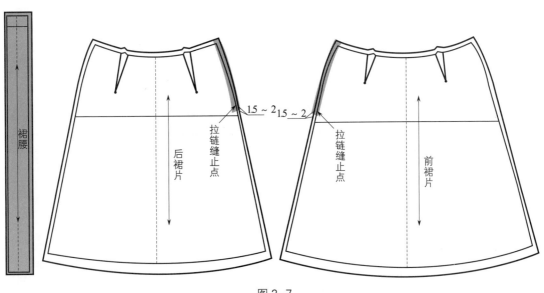

图 2-7

# 过程五：裁剪

## 一、算料、配料、排料

（1）算料：A字裙的裙长为60cm，如果选料幅宽为150cm，则一个裙长就是选料的尺寸。如果选料幅宽小于裙子的臀围，若90cm幅宽，则两个裙长就是选料的尺寸。

（2）配料（表2-2）。

表2-2　辅料数量及相关说明

| 配料名称 | 辅料数量及相关说明 |
|---|---|
| 面料 | 裙子面料，幅宽150cm的面料60cm |
| 里料 | 如遇作夹里的裙子，一般情况下，里料样板比面料样板四周少1cm。由于工艺要求不同还有一种情况里料和面料大小相符。（本书中A字裙未绱夹里） |
| 衬料 | 腰头衬料和腰头尺寸大小一致，拉链处衬料长为拉链的长度、宽为2cm |
| 拉链 | 密闭拉链一根（拉链颜色与面料颜色同色或近似色） |
| 纽扣 | 数量：一粒纽扣直径为腰头宽度-0.5cm=3cm-0.5cm=2.5cm，纽扣颜色根据面料颜色挑选，同色系为好，款式特殊要求的，按照款式要求挑选 |
| 缝纫线 | 数量：一团，线的颜色与面料颜色同色或近似 |
| 拷边线 | 数量：三团，与面料颜色同色或近似 |

（3）排料（图2-8）。

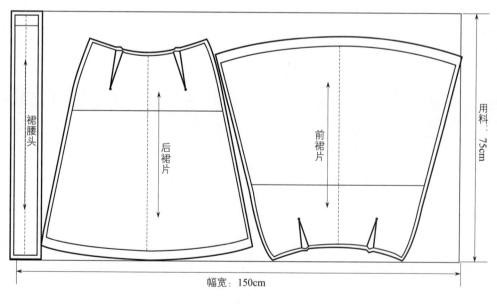

图2-8

在排料前，先将面料预缩（将面料浸入水中 24 小时自然晾干），检查面料有无瑕疵，如有要避开。若裁片左右片对称，可将面料按照经向方向一折二，反面朝上，进行排料。排料时应注意以下几点：先排大部件，再排小部件；先排面料，后排辅料；紧密套排，缺口合并。

## 二、面料裁剪

❶ 划样：面料正面相对对折放置铺平，样板的经向要与面料的经向一致，在铺平的面料上放置毛样板，使面料的经纱平行于样板的经向（图 2-9）。（注意：经纱平行于布边，纬纱垂直于布边）

❷ 拓样：拓出省道位置、裁剪，将画粉用刀削薄以便视觉清晰。将省道位置拓至裁片上。方法：把样板上省道的三个对位点用画粉连接。再将面料反反相对，在省道位置用力拍，使画粉脱印在另一片上。沿着样板边缘进行划样，画好之后，用剪刀沿着面料上画好的轮廓线进行剪裁（图 2-10）。（注意：裁剪到转折处的时候，不要多剪，以储备面料用于零部件的裁剪。）

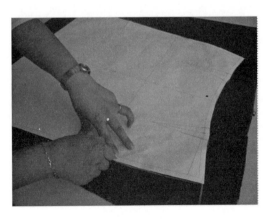

图 2-9

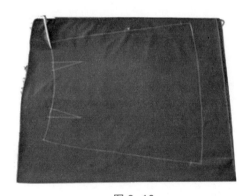

图 2-10

❸ 打刀眼：面料裁剪好之后，分别在省道、下摆处打上缝制标记，即刀眼。长度约 0.3cm，不宜过长，否则易抽丝，给制作带来不便（图 2-11）。

❹ 验片：裁剪好样片之后，按照排料示意图检查裁片的数量。要求检验样片是否齐全，避免漏裁、多裁的情况。制作前可以在反面做好标记，以免在制作时正反面拼接错误（图 2-12）。

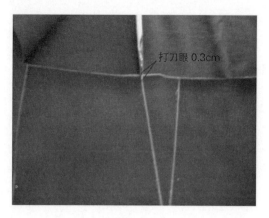

打刀眼 0.3cm

图 2-11

图 2-12

❺ 基础缝制工艺（参考直身裙）。

## 任务三：波浪裙

## 过程一：款式分析

（1）着装效果图（图3-1）。

图3-1

（2）波浪裙着装款式图（图3-2）。

正面　　　　　背面

图3-2

（3）款式描述：

裙身整体形态：臀围松量大于A字裙，臀围松量比较宽松。群摆摆幅较大的裙型。裙摆自然下垂时候宛如海面的波浪起伏。裙长（$L$）：裙长至膝盖线以上大约5cm处。腰（$W$）：

无腰、腰的形态包裹在人体腰部。裙片数量：一片波浪裙（全圆波浪裙）、两片（半圆波浪裙）、四片波浪裙、六片波浪裙、八片波浪裙等。

# 过程二：规格设计

波浪裙成品规格设计（表 3-1）。

表 3-1　波浪裙成品规格设计

| 波浪裙成品规格设计 | 单位：cm |
|---|---|
| 部位名称（代号） | 净体尺寸 + 放松量 = 成品规格 |
| 裙长（*L*） | 52（KL）+11=63 |
| 腰围（*W*） | 68+（0~2）=70 |
| 备注说明：波浪裙的臀围松量非常宽松，故臀围规格不受限制 | |

# 过程三：制图

制图（图 3-3）。

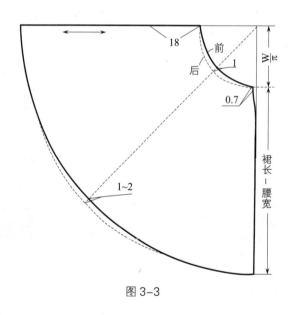

图 3-3

★ 知识盘点

波浪裙制图原理

（1）波浪裙腰口弧线的长度由腰口半径 R 来决定，当每片展开为 90° 时，R= 腰围 / π 或 R=W/3-1。例如：腰围规格 W=66cm，则腰口半径 R= W/π =66/3-1=21cm。

由于腰口线是斜丝缕，制作时易拉长，又因造型的需要（下摆呈波浪形），腰口线要略拔开，在制图时腰口两侧缝应劈去一些，保持成品规格。

（2）波浪裙下摆斜丝部位穿着时会因下垂而伸长，在裁剪时，斜丝部位应剪短 1～2cm，具体由面料的性能决定。

（3）后中心部位腰口应低下1cm，原因是由于人体腰部状态所决定。

（4）波浪裙制图时不需要臀围尺寸，是由于裙摆放大后规格远远大于臀围尺寸。

（5）裙摆放缝不要过大，否则外口线太长不宜折边，一般取1～2cm。

# 过程四：制板

### 第一步：裁剪样板

波浪裙的裁剪样板即毛样板，缝头的量一般掌控在：直线1cm，曲线0.8cm；折边的量一般掌控在3~5cm（折边处有缉线的应视缉线宽度和折边数而定）；波浪裙的裁剪样板共有三块：分别是前、后裙片样板、腰贴样板（图3-4）。

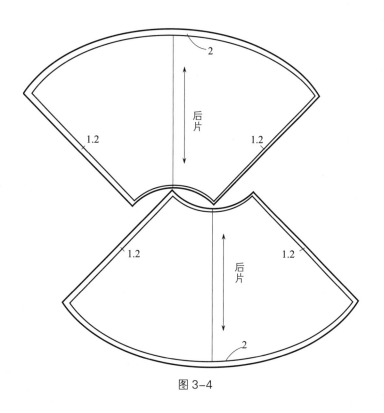

图3-4

### 第二步：黏衬样板

波浪裙的黏衬样板主要有腰贴衬料样板，具体黏衬位置及大小（图3-5）。

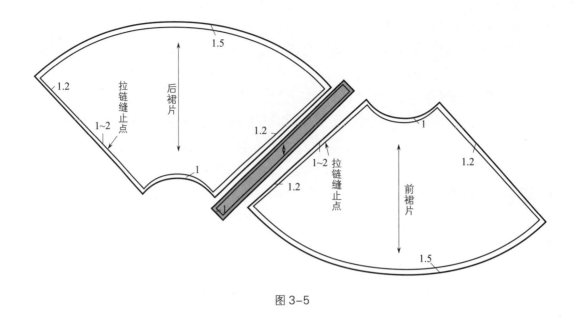

图 3-5

# 过程五：裁剪

## 一、算料、配料、排料

（1）算料：波浪裙的用料及裙长及腰围有关，当腰围较大时候，腰口半径加大，用料还需增加。如果选料幅宽为 144cm，则用料计算 $W/3+$ 裙长 $+2=94$cm 如果门幅 90cm，用料计算：（$W/3+$ 裙长）$*2-5=180$cm。

（2）配料（表 3-2）。

表 3-2　辅料数量及相关说明　　　　　　　　　　　　　　　　单位：cm

| 配料名称 | 辅料数量及相关说明 |
|---|---|
| 面料 | 裙子面料，幅宽 144cm 的面料 94cm |
| 里料 | 里料样板比面料样板四周少 1cm。由于工艺要求不同还有一种情况里料和面料大小相符。（本书中波浪裙未绱夹里） |
| 衬料 | 腰贴衬料和腰贴大小造型一致，拉链处衬料长为拉链的长度、宽为 2cm |
| 拉链 | 密闭拉链一根（拉链颜色与面料颜色同色或近似色） |
| 缝纫线 | 数量：一团，线的颜色与面料颜色同色或近似 |
| 拷边线 | 数量：三团，与面料颜色同色或近似 |

（3）排料（图 3-6）。

在排料前，先将面料预缩（将面料浸入水中 24 小时自然晾干），检查面料有无瑕疵，如有要避开。如裁片左右片对称，可将面料按照经向方向一折二，反面朝上，进行排料。排料时应注意以下几点：先排大部件，再排小部件；先排面料，后排辅料；紧密套排，缺口合并。

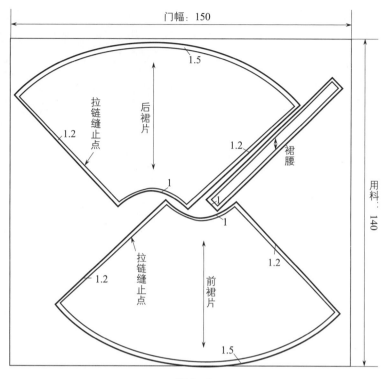

图 3-6

## 二、面料裁剪

❶ 划样：画样时面料单层反面朝上放置，将画粉削薄，样板的经向要与面料的经向一致，在铺平的面料上放置毛样板，使面料的经纱平行于样板的经向（图3-7）。（注意：经纱平行于布边，纬纱垂直于布边）

❷ 拓样：裁剪时，不可超出划样线（图3-8）。

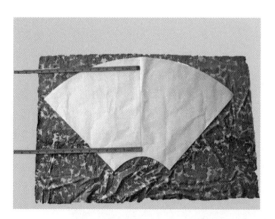

图 3-7

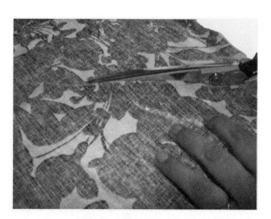

图 3-8

❸ 滚条裁剪：准备一块正方形的面料布，边长为 45cm，沿对角线斜边剪开，用直尺量取滚条宽度 3cm，画线裁剪（图 3-9 ~ 图 3-11）。

图 3-9

图 3-10

图 3-11

❹ 验片：裁剪好样片之后，按照排料示意图检查裁片的数量。要求检验样片是否齐全，避免漏裁、多裁的情况。制作前可以在反面做好标记，以免在制作时正反面拼接错误（图 3-12）。

图 3-12

## 三、辅料裁剪

❶ 腰口衬裁剪：波浪裙的腰口呈弧形，面料斜向，弹性很大，因此为了保证腰口尺寸符合要求，在制作前需烫腰口衬，腰口衬的形状与腰口弧度一致，宽度2cm即可（图3-13）。

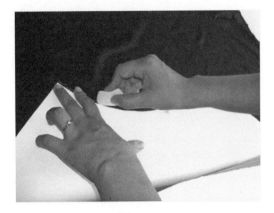

图 3-13

❷ 侧缝处的黏合衬：黏合衬长度与拉链长度一致，宽度为2cm。

❸ 验片（图3-14）。

图 3-14

## 四、特色工艺缝制

❶ 滚条拼接：正正相对平缝0.8cm（图3-15）。（注意：拼好后熨烫平整，如果滚条两边连接不顺时，要重新修改）

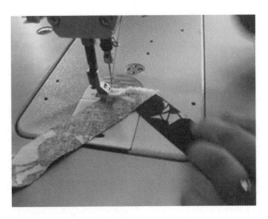

图 3-15

# 过程六：特色工艺缝制

## 第一步：编写工艺单

波浪裙生产工艺单（表3-3）。

### 表3-3 波浪裙生产工艺单

款式图：

款号：WQ-08009

| 尺码部位 | S | M | L | XL |
|---|---|---|---|---|
| 裙长 | 55 | 60 | 65 | 70 |
| 腰围 | 68 | 70 | 72 | 74 |
| 臀围 | 92 | 96 | 100 | 104 |
| 臀长 | 17.5 | 18 | 18.5 | 19 |
| 腰宽 | 3 | 3 | 3 | 3 |

规格表
单位：cm

名称：波浪裙　　下单工厂：ZJ·FASHION　　完成日期：2014年12月2日

面料小样：

辅料小样：

**面辅料配备**

| 名称 | 门幅（规格） | 单位用量 | 名称 | 货号 | 门幅（规格） | 单位用量 |
|---|---|---|---|---|---|---|
| 面料 | 150cm | 200cm | 尺码标 | 配色 | | 1 |
| 里布 | 100cm | 50cm | 明线 | 配色 | | |
| 黏衬 | | | 暗线 | | | |
| 袋布 | | | 吊牌 | | | 1 |
| 纽扣 | 1.5cm | 1颗 | 洗水唛 | | | |
| 拉链 | 20cm | 1根 | 胶袋 | | | 1 |
| 气眼 | | | 商标 | | | |
| 绳 | | | 折标 | | | 1 |

黏衬部位：
1. 腰头
2. 门襟、里襟

裁剪要求：
1. 裁片注意色差、色条、破损
2. 纱向顺直、不容许有偏差
3. 裁片准确、二层相符
4. 刀口整齐、刀深0.5cm

成衣处理要求：普洗

工艺缝制要求：
1. 针距；平车针距为15针/3cm
2. 线迹；底面线均匀、不浮线、不跳针等
3. 合缝要求不拉斜、不扭曲、弧度圆顺、明线1cm、宽窄一致
4. 裙身缝合处装织带、织带宽0.5cm、要求宽窄一致、装得平服
5. 商标为折标夹于后腰中、距商标左端1cm处夹钉尺码标
6. 洗水唛夹钉于左侧内缝距下摆底边10cm处
7. 吊牌穿挂在尺码标上
8. 整烫；各部位烫平整服贴、烫后无污渍、油迹、水迹、不起极光和亮点

明线针距：15针/3cm　　暗线针距：针12/3cm

制单：丁洪英　　审核：丁洪英　　日期：2007年12月20日

❷ 装腰口滚条：滚条正面与腰口反面相对，平缝0.6cm，压缉时，注意无链形( 图3–16 )。

❸ 成品完成图（图3–17）。

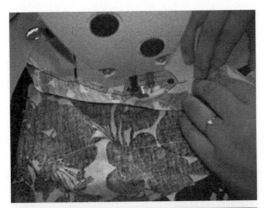

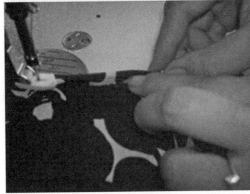

图 3–16

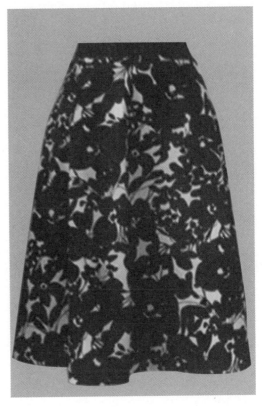

图 3–17

# 裙装设计

## QUNZHUANG SHEJI

# 任务四：裙装款式图绘制

## 一、绘制框架

❶ 腰的宽度约为头的 1.3 倍（指女人体，男人体的腰稍宽些）（图4-1）。

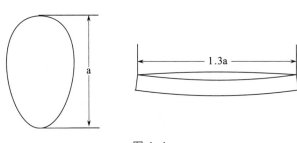

图 4-1

❷ 以腰宽为依据，超短裙的长度约为腰宽的长度（图4-2）。

❸ 齐膝的中裙长度约为腰宽的 2 倍（图4-3）。

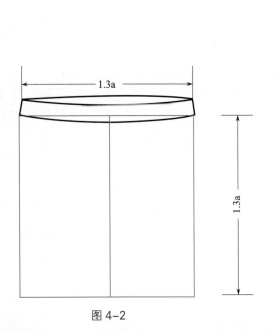

图 4-2

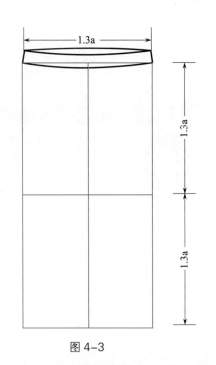

图 4-3

❹ 齐脚面的长裙长度则为腰宽的 3 ~ 3.5 倍（图 4-4）。

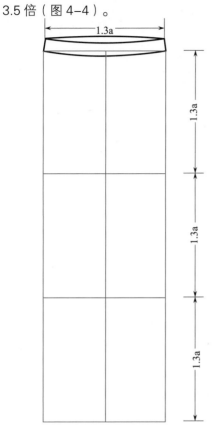

图 4-4

❷ 齐膝中裙轮廓绘制（图 4-6）。

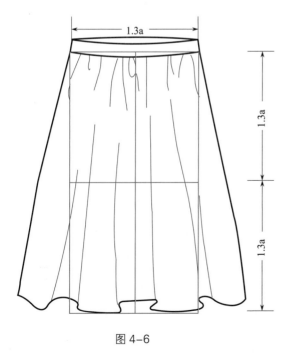

图 4-6

## 二、确定廓型

❶ 超短裙的轮廓绘制（图 4-5）。

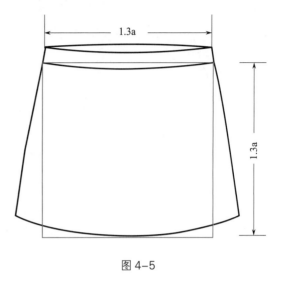

图 4-5

❸ 齐脚面的长裙的轮廓绘制（图 4-7）。

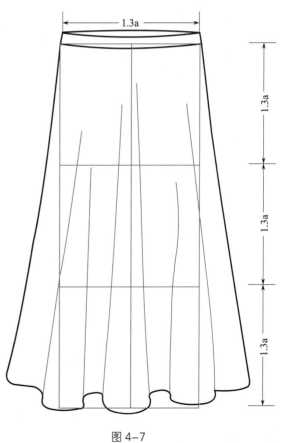

图 4-7

❹ 填充细节：按照比例绘制下款裙子款式图（图4-8）。

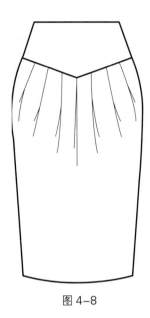

图4-8

❺ 以腰宽为边长从上往下作三个正方形，分析出裙长和裙宽（图4-9）。

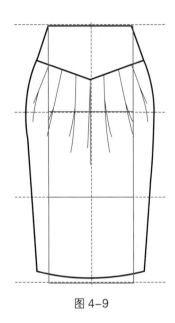

图4-9

❻ 找出裙身左半边各关键点的位置，并用圆点标出（图4-10）。

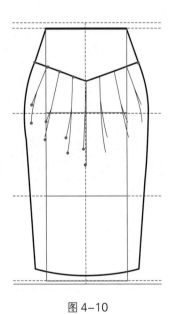

图4-10

❼ 将大的正方形进行细分，做出下列小方格，找出圆点相对于小方格的相对位置，便能准确绘制出裙身各部位的准确比例和准确位置（图4-11）。

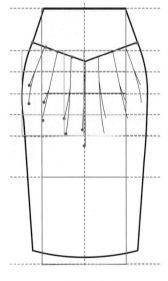

图4-11

### 1. 裙装的分类

（1）按场合区分的裙装类型与特点。

① 职业裙：具有传统简约的风格，突出表现职场女性稳重、干练的特点。长短及膝，颜色变化不多，便于搭配各类职业上装。穿着职业裙时不宜搭配款式繁复的服饰品，应选择简洁大方、高品质的饰物以提升着装者的整体气质（图4-12）。

② 礼服裙：是指社交场合女性穿着的，表现一定礼仪且具有一定信仰意味的华丽裙服。选料上乘，色彩光感强，具有极强的"独特型"和"排他性"。款式多采用袒胸露背式长裙，展现着装者的端庄大方，潇洒优雅，有强烈的表现性和雍容华贵感（图4-13）。

图4-12                图4-13

③ 休闲裙：指人们在无拘无束、自由自在的休闲生活中穿着的裙装。日常休闲裙展示简洁自然的风貌，使人在业余时间享受一种轻松、悠闲的心境，它的概念广泛，内涵丰富，造型简洁，富有情趣（图4-14）。

④ 运动休闲裙：融入了适宜运动的功能性设计，强调动感的外观和舒适的性能，常常采用鲜艳的颜色搭配，但又不像专业的运动装那样过分注重运动本身的要求而缺乏时尚感；能够在休闲运动中舒展自如，具有良好的自由度和运动技能，同时体现青春的激情与活力（图4-15）。

图 4-14

图 4-15

图 4-16

⑤ 居家休闲裙：因居家文化的需求而产生，传统的居家裙装有睡裙、浴袍和性感吊带裙等，现代居家裙装有厅堂会客穿着的家居裙、厨房穿着的家居裙、户外散步的家居裙等。健康、舒适、简单是居家类裙装的特点（图4-16）。

（2）按长度区分的裙装类型与特点。

① 半身裙：是裙摆至胫中以下的一种半身裙，其款式形态变化丰富，与不同的上衣巧妙搭配能体现出女性优雅、妩媚的特点，适合于身材修长的女性在正式场合穿着（图4-17）。

② 半身中裙：是裙摆至膝以下、胫中以上的一种半身裙，款式形态多样，有宽松或紧身，H型或A型等各种造型，能适合多种环境和场合的着装需要，对着装者无年龄、身材上的限制（图4-18）。

图 4-17

图 4-18

③ 半身短裙：是指裙摆至膝以上的半身裙。其外轮廓以 H 形、V 形及 A 形为主，因其简洁、大方、便于活动的特点，适合青春、活泼的年轻女性在各类休闲场合穿着（图 4-19）。

图 4-19

④ 半身超短裙：也称迷你裙，指长度在大腿中部及以上的短裙。其型可分为紧身型、围合型、喇叭型和打褶裙。长短裙的轻盈、活泼、灵活自在，能充分显露女性下肢的健美

体态，深受西方妇女的欢迎，其长短往往成为流行的"晴雨表"（图4-20）。

⑤ 连身裙：连身裙的长度区分方法与半身裙相同，也是依据裙摆高低分为长裙、中裙、短裙、超短裙，故此不再重复。

⑥ 连衣裙：连衣裙是一种衣身和裙子相连的夏装款式，具有轻便、凉爽、实用、美观、款式变化丰富的特点，是女性夏季服装的主要款式之一。连衣裙具有很强的易穿性，适合各种场合穿着，既可作为家常服在家里穿着，也可作为旅行服装外出时穿着，还可以作为礼服在工作或社交场所穿着。穿着连衣裙的女性，在年龄上也没有限制，从儿童到老年，各种年龄的女性都可以穿着（图4-21）。

⑦ 背心裙：又称"马夹裙"。指上半身无领无袖的背心结构裙装，搭配时内穿衬衣，造型简洁，清爽，给人以青春靓丽，但又不失文静朴实的感觉，适合年轻女性夏季穿着（图4-22）。

⑧ 背带裙：从各种各样的裙子配以可宽可窄的背带，穿着是利用背带吊住裙子，方便实用。它和背心裙的不同在于吊带较窄长，在盛夏

图4-20

图4-21

图4-22

图4-23

全圆裙　　　　　　　　　两片裙

四片裙　　　　六片裙　　　　　　八片裙

图4-24

季节穿着较凉快、舒适，且易与其他衣服搭配穿着（图4-23）。

（3）按结构形态区分的裙装类型与特点（图4-24）。

①全圆裙：当一片式喇叭裙展开的角度为360°时，称为全圆裙，也称"太阳裙"，裙摆比较大，腰部以下自然波浪明显，不需要测量和控制臀围规格。

②两片裙：该裙型是斜裙的典型款式，裙片分前后两片，每片展开角度为90°，裙摆宽大，腰部以下呈自然波浪，利用斜丝缕裁制而成，带有动感的波浪效果。

③四片裙：裙片分前后共四片，裙摆宽大，腰部以下呈自然波浪，利用斜丝缕裁制而成，带有动感的波浪效果。

④六片裙：裙片分前后共六片，裙摆宽大，腰部以下呈自然波浪，利用斜丝缕裁制而成，带有动感的波浪效果。

⑤八片裙：是分割式多片裙的一种形式，使用斜料裁剪时，后裙摆动态效果较好。由于裙子分割片数多，所以适宜做成臀腰部紧身合体裙摆绽放的鱼尾裙。八片裙也可用直料裁剪。

（4）按裙子廓形分类，可分为H形、A形、X形、V形、O形、喇叭形等。

①H形：是顺着自然体型的廓型，通过放宽腰围，强调左右肩幅，从肩端处直线下垂至裙摆，给人以轻松、随和、舒适自由的感觉（图4-25）。

② A 形：主要是通过收紧腰身、夸张下摆形成。由于 A 形的外轮廓线从直线变成斜线而增加了长度进而达到高度上的夸张，给人以活泼潇洒和充满青春活力的感觉（图 4-26）。

图 4-25　　　　　　　　　　　　　　　　　　图 4-26

③ X 形：上下肥大，中间收紧。腰部紧束成为整体造型的中轴，肩部放宽，下摆散开，主要突出腰部的曲线。这种造型富于变化，充满活泼、浪漫的情调，而且寓庄重于活泼，尤其适合少女穿着（图 4-27）。

④ V 形：呈倒三角形，上部夸张下摆内收，形成上窄下宽的造型效果，常见于正装裙款式中（图 4-28）。

图 4-27　　　　　　　　　　　　　　　　　　图 4-28

⑤ O 形：呈椭圆形，腰部以下没有明显的棱角，臀部线条宽松，整个外形饱满、圆润（图 4-29）。

⑥ 喇叭形：廓型呈上紧下松，裙摆可大幅展开，其特点在于裙摆的处理，上身和腰身不甚强调，显得自然潇洒（图 4-30）。

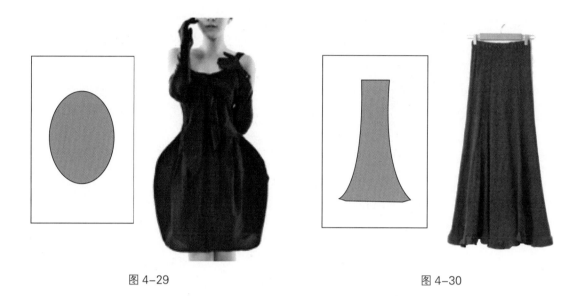

图 4-29　　　　　　　　　　　　　　　　　　　图 4-30

（5）按裙摆造型。

① 平摆型：下摆较平整，无较大起伏，例如：下摆与腰部围度基本一致的筒裙、西服裙；下摆比腰部围度略宽的 A 字裙等（图 4-31）。

图 4-31

② 波浪型：下摆较宽大，带有动感的波浪效果，例如：各种利用斜丝缕裁制而成的斜裙等（图 4-32）。

③ 褶裥型：在裙腰处打褶，根据褶裥设计的不同又可分为规则型、自然型，顺向、相向等多种类型。裙摆褶纹装饰较之波浪造型更富于变化（图 4-33）。

图 4-32

图 4-33

（6）按复杂的元素结构分类。

① 褶皱元素：通过对裙片局部或整体的抽褶处理（一般多为细褶），使裙装富有立体效果（图 4-34）。

② 波浪元素：通过对裙身的斜裁处理，形成了波浪装饰效果，休现了裙装柔美、飘逸的特点，并强化了女性服装特征（图 4-35）。

图 4-34

图 4-35

③ 图案元素：将花卉、风景、卡通、几何图形等图案元素通过印花、刺绣等方式运用在裙装中，赋予裙装多姿多彩的风格（图 4-36）。

④ 多元素组合：褶裥、波浪、图案等多种元素组合运用在同一款裙装中，在很多场合能够强化裙装的装饰效果（图 4-37）。

图 4-36

图 4-37

### 2. 服装款式图绘画的几种常见方法

（1）款式图的画法：服装款式图的画法具体主要分上衣、裙子和裤子的表现技法。绘制方法比较简单，具有能快速记录传达服装的优点，用款式图记录处于着装状态的服装，要对立体的服装作平面化的处理。主要用线描、色彩、电脑的表现技法将服装的质感充分地表现出来。

（2）服装款式图绘制应注意的几个问题：

① 比例：在绘制服装的比例时，应注意"从整体到局部"，绘制好服装的外形及主要部位之间的比例。如服装的肩宽与衣身长度之间的比例，裤子的腰宽和裤长之间的比例，领口和肩宽之间的比例，腰头宽度与腰头长度之间的比例等。

② 对称：如果沿人的眉心、人中、肚脐画一条垂线，以这条垂线为中心，人体的左右两部分是对称的，"对称"不仅是服装的特点和规律，而且很多服装因对称而产生美感。因此在款式图的绘制过程中，一定要注意服装的对称规律。

③ 线条：在服装款式图的绘制过程中，一般是由线条绘制而成。在绘制中，要把轮廓线和结构线以及缉明线等线条区别开，一般可以利用四种线条来绘制服装款式图，即：粗线、中线、细线和虚线。粗线主要用来表现服装的外轮廓，中粗线主要用来表现服装的大的内部结构，细线主要是用来刻画服装的细节部分和些结构较复杂的部分，而虚线又可以分为很多种类，它的作用主要用以表示服装的缉明线部位。

④ 文字说明和面辅料小样：在服装款式图绘制完成后，为了更准确地完成服装的打板与制作，还应标出必要的文字说明，其内容包括：服装的设计思想，成衣的具体尺寸（衣长、袖长、袖口宽、肩斜、前领深、后领深等），工艺制作的要求（明线的位置和宽度、服装印花的位置和特殊工艺要求、扣位等）以及面料的搭配和款式图在绘制中无法表达的细节。

另外，在服装款式图上一般要附上面、辅料小样（包括扣子、花边以及特殊的装饰材料等）。这样可以使服装生产参与者更直观地了解设计师的设计意图，并且，这样也为服装在生产过程中的采购辅料提供了重要的参考依据。

### 3. 款式图绘画的表现技法

（1）线描的表现技法。

（2）色彩的表现技法。

（3）概括的表现服装色彩。

概括的表现服装色彩可以使用彩色铅笔、蜡笔、麦克笔、水粉笔以及水粉颜料。彩色铅笔的颜色大多比较浅淡，适合画色彩比较淡雅的服装。蜡笔（油画棒）颜色粗犷、色泽油亮，适合画表面粗糙的服装。麦克笔色彩鲜艳饱和，适合画色彩比较鲜艳的服装。水粉覆盖力比较强，用水粉画款式图最常用的是平涂法。

# 裙装拓展

## QUNZHUANG
## QTUOZHAN

# 任务五（拓展款式）：低腰育克裙

## 过程一：款式分析

（1）着装效果图（图5-1）。

图5-1

（2）低腰育克裙款式图（图5-2）。

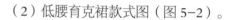
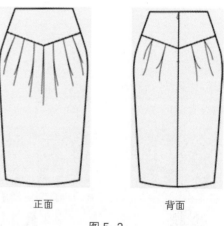

正面　　　　　　　背面

图5-2

（3）款式描述：

低腰、横向育克分割，裙身多个对裥使髋骨部位具有膨胀感。

## 过程二：制图

（1）成品规格设置（表5-1）

表5-1　裙子规格尺寸表

单位：cm

| 裙子规格尺寸表 | | | | | | | |
| --- | --- | --- | --- | --- | --- | --- | --- |
| 成品部位 | 代号 | 成品规格 | | 人体部位 | 代号 | 人体尺寸 | 加放量 |
| 腰围 | $W$ | 70 | | 腰围 | $W^*$ | 68 | +（0~2） |
| 臀围 | $H$ | 96 | = | 臀围 | $H^*$ | 88 | +（6~12） |
| 裙长 | SL | 52 | | 膝长 | KL | 53 | −1 |
| 臀高 | HL | 18.5 | | 臀高 | $HL^*$ | 20 | −1.5 |
| 注：数据−1是膝线向上1cm；<br>低腰量4cm是指腰线下落4cm作低腰线，确定裙长 | | | | | | | |

（2）低腰育克裙制图：在裙装原型结构基础上，腰线下落4cm作低腰线，确定裙长。根据款式造型作横向约克分割线，在裙身上作辅助线。延长省道至分割线，闭合育克中的腰省，画顺约克片轮廓线。沿辅助线剪开拉展加入折铜量，前中心也加入1/2折铜量，画顺裙身片外轮廓线。加粗裙片外轮廓线（图5-3）。

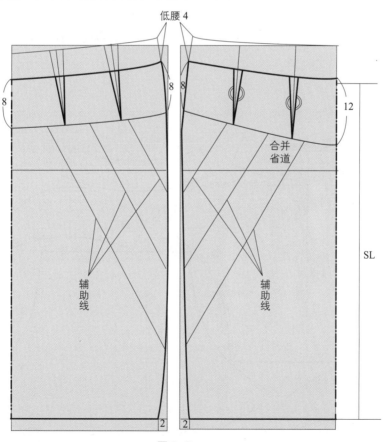

图5-3

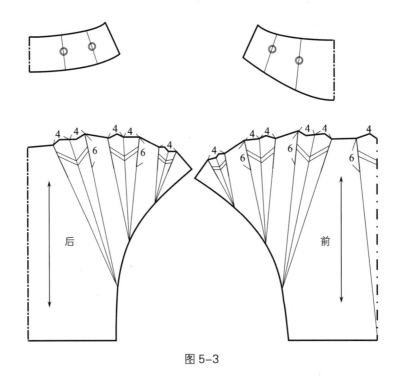

图 5-3

（3）低腰育克裙制板与排料示意图：根据结构图通过拓样逐个复制样片，在样片上加放缝份以及标注样片名称、对位记号、丝缕线等，制作成裁剪样板。以幅宽 150cm 的面料为例绘制了排料图（图 5-4）。

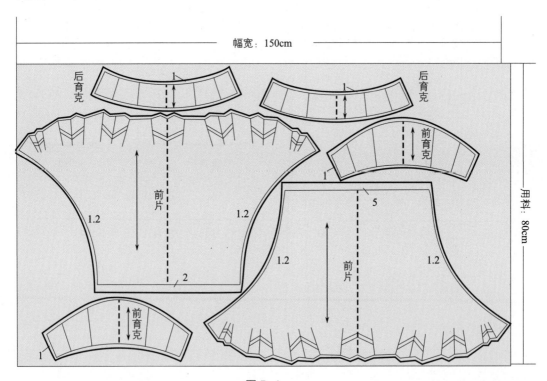

图 5-4

# 任务六（拓展款式）：无腰分割裙

## 过程一：款式分析

（1）着装效果图（图6-1）。　　　　（2）无腰分割裙款式图（图6-2）。

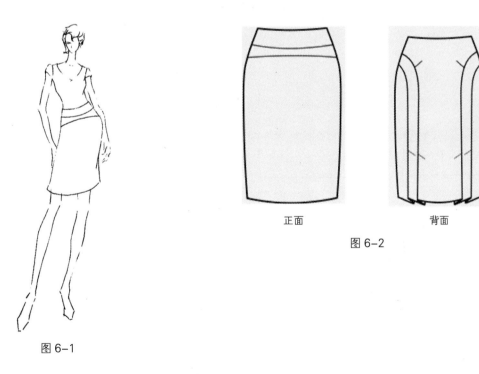

正面　　　　背面

图6-2

图6-1

（3）款式描述：

无腰，裙身为直身轮廓，前片腰部育克分割，后片沿前片分割线至下摆，并加入折裥。

## 过程二：制图

（1）成品规格设置（表6-1）。

表6-1 裙子规格尺寸表         单位：cm

| 裙子规格尺寸表 | | | | | | | |
| --- | --- | --- | --- | --- | --- | --- | --- |
| 成品部位 | 代号 | 成品规格 | | 人体部位 | 代号 | 人体尺寸 | 加放量 |
| 腰围 | $W$ | 70 | | 腰围 | $W^*$ | 68 | +（0~2） |
| 臀围 | $H$ | 96 | = | 臀围 | $H^*$ | 88 | +（6~12） |
| 裙长 | SL | 58 | | 膝长 | KL | 53 | +5 |
| 臀高 | HL | 18 | | 臀高 | $HL^*$ | 20 | −2 |
| 注：数据 +5 是膝线向下 5cm，为裙长的止点 | | | | | | | |

（2）无腰分割裙制图：在裙装原型结构图基础上，根据规格设计确定裙长，裙摆稍向内收进2cm。根据款式图在前裙片腰部作育克分割线，调整省道的位置和长短，闭合育克中的腰省，画顺样片外轮廓线。根据前裙片的分割线作后裙片的纵向分割造型，调整省道的位置和长短，将靠近侧缝的省道闭合，另一个省道转移到分割线形成新省道。将后片纵向分割线水平拉展，加入折铜量，画顺样片外轮廓线。加粗群片外轮廓线（图6-3）。

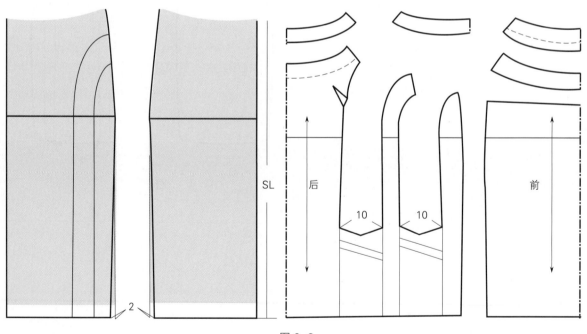

图6-3

　　根据结构图通过拓样逐个复制样片，在样片上加放放缝份以及标注样片名称、对位记、丝缕线等，制作成裁剪样板。以幅宽150cm的面料为例绘制排料图（图6-4）。

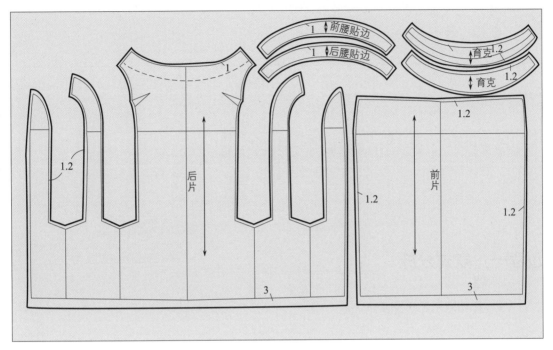

图6-4

# 任务七（拓展款式）：抽褶裙

## 过程一：款式分析

（1）着装效果图（图7-1）。　　　　（2）抽褶裙款式图（图7-2）。

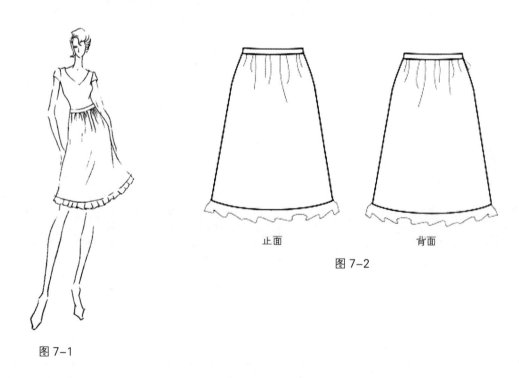

图7-1

正面　　　　　　　　背面

图7-2

（3）款式描述：

裙身腰部抽褶，下摆横向分割抽褶形成波浪边，整个显喇叭造型（图7-2）。

# 过程二：制图

（1）成品规格设置（表7-1）。

**表7-1　裙子规格尺寸表**　　　　　　　　　　单位：cm

| 裙子规格尺寸表 | | | | | | | |
|---|---|---|---|---|---|---|---|
| 成品部位 | 代号 | 成品规格 | | 人体部位 | 代号 | 人体尺寸 | 加放量 |
| 腰围 | $W$ | 70 | | 腰围 | $W^*$ | 68 | +（0~2） |
| 臀围 | $H$ | 96 | = | 臀围 | $H^*$ | 88 | +（6~12） |
| 裙长 | SL | 65 | | 膝长 | KL | 53 | +4 |
| 臀高 | HL | 18 | | 臀高 | $HL^*$ | 20 | −2 |
| 注：数据 +4 是膝线向下 4cm，为裙长的止点；<br>　　裙长 65cm 包含腰宽 3cm；<br>　　腰部抽褶量 = 原长（$W/4$）×1=70/4=17.5cm；<br>　　裙摆抽褶量 = 原长（裙摆长）×2/3 | | | | | | | |

（2）抽褶裙制图：作腰围线、臀围线、裙长、裙摆分割线、中心线等基础线。取 $W/4$ 作为裙身腰部抽褶量，侧缝处起翘 1cm，画顺侧缝线及下摆线，后腰中心下落 1cm。取 2/3 裙摆长作为抽褶量作裙下摆波浪边。加粗群片外轮廓线（图7-3）。

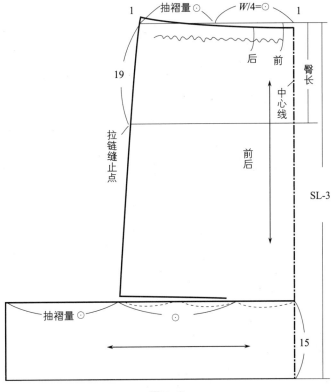

图 7-3

## 过程三：制板

根据结构图通过拓样逐个复制样片，在样片上加放放缝份以及标注样片名称、对位记号、丝缕线等，制作成裁剪样板。以幅宽150cm的面料为例绘制排料图（图7-4）。

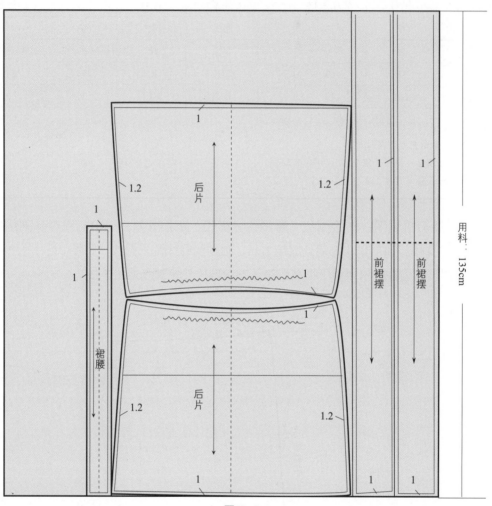

图 7-4